AF330269

26580

ÉCLAIRCISSEMENS

SUR

UN RAPPORT

FAIT A L'ACADÉMIE ROYALE DES SCIENCES

PAR UN DE SES MEMBRES,

LE CHEVALIER DU PETIT-THOUARS.

PARIS,

DE L'IMPRIMERIE DE GUEFFIER,

RUE GUÉNÉGAUD, N°. 31.

1825.

ÉCLAIRCISSEMENS

SUR

UN RAPPORT

FAIT À L'ACADÉMIE ROYALE DES SCIENCES.

———

Dans la Séance publique de l'Académie royale des Sciences du 24 juin 1825, il a été distribué, suivant l'usage, l'Analyse de ses Travaux pour l'année qui venoit de s'écouler. Dans la partie Physique, à l'article *Physiologie Végétale*, page 25, il ne se trouve que deux Notices, l'une sur un Traité d'Anatomie Végétale, par M. C. Romain Féburier ; l'autre sur quelques Particularités des Cotylédons et des Racines, par M. Du Petit-Thouars. Mon Nom se trouve donc accolé à celui d'une personne avec qui, malheureusement pour moi, je n'ai eu que trop de rapports. Mais dois-je être flatté de ce nouveau Rapprochement ? et devoit-il avoir lieu ? Voilà deux questions que je me trouve forcé d'examiner. Pour résoudre l'une et l'autre, je laisserai, le plus que je pourrai, parler M. Féburier lui-même, en citant textuellement ses propres Ouvrages. Ainsi, je le laisse entrer le premier dans la Lice, en présentant la Copie de la Lettre qui accompagnoit l'Envoi qu'il me faisoit de son Pamphlet intitulé *Observations sur la*

Physiologie Végétale et sur le Système Physiologique de M. Aubert du Petit-Thouars , in·8°. de 79 pages.

Il fut distribué , le 17 septembre 1821 , à tous les Membres de l'Académie des Sciences, et depuis à un grand nombre de personnes , tant en France qu'en Angleterre.

Copie *de la Lettre adressée par* M. Féburier , *à* M. Du Petit-Thouars.

Versailles , le 16 septembre 1821.

Monsieur ,

« Votre nouvelle Attaque du 20 juin , contre ma Théorie de
» la Physiologie végétale (*a*) , l'espèce d'approbation donnée
» à votre système par l'Académie Royale des Sciences , en
» vous nommant en place de M. Palissot Beauvois , qui rem-
» plissoit , m'a-t-on assuré , la place de Physiologiste dans la
» Section de botanique (*b*) ; la manière dont j'ai été traité
» par vos amis , lors de la lecture de ma lettre à l'Acadé-
» mie (*c*) ; l'opposition que vous avez mise à ce qu'on fît
» l'expérience que je proposois , sous le vain prétexte que
» vous étiez Membre de la Section Botanique , comme si en
» vous récusant pour juge il ne fût pas resté assez des cinq
» Membres de la Section (*d*) ; enfin la marche que vous avez
» suivie dans *l'Histoire d'un Morceau de Bois* , en faisant
» prendre le change aux Savans sur mes opinions et mes prin-
» cipes ; tout m'a fait un devoir de répondre à votre Histoire
» et de repousser publiquement vos dernières aggressions (*e*).
» S'il n'avoit été question que de ma personne , j'aurois cru
» pouvoir garder le silence ; mais il étoit question des intérêts
» de la Science , et surtout de l'Agriculture , qui repose sur la
» Physiologie végétale ; il m'a donc paru nécessaire d'exami-

» ner votre système, d'essayer d'en démontrer les défauts,
» et de prouver au public que plusieurs des opinions que vous
» me supposez n'existent dans aucun de mes ouvrages (*f*).

» Il y a quelques années, qu'à l'occasion de ma Lettre
» en réponse à celle du sieur Sieulle, qui a souvent abusé
» de votre protection pour insulter plusieurs savans, ce qui,
» dans un moment d'humeur, me fit penser à tort, sans
» doute, que vous l'appuyiez dans ses écarts; à cette occasion,
» dis-je, vous me fîtes le défi de vous prouver que vous m'a-
» viez prêté une seule opinion et que vous en aviez inter-
» prété une seule différemment que je l'avois émise. Vous
» verrez par le mémoire ci-joint, que j'ai relevé plusieurs de
» vos interprétations (*g*). J'aurois pu ajouter d'autres faits en
» citant vos notes sur mon rapport, inséré, page 112, dans
» votre Recueil de Rapports et de Mémoires, et en profiter pour
» relever votre note *insultante* de la page 117 (*h*).

» Je me suis fait, Monsieur, un devoir jusqu'à ce jour de
» rendre justice à vos qualités personnelles et à vos connois-
» sances étendues : l'estime que j'avois pour vous m'avoit
» fait désirer la vôtre, et de former une liaison qui auroit
» pu nous être utile à tous les deux par l'échange de nos dé-
» couvertes (*i*). Mais vous avez préféré suivre une autre
» marche, et je suis forcé de prendre la plume pour ma
» justification. Il m'a été pénible de le faire pour ma
» justification, et d'être entraîné en outre à faire des dé-
» penses d'impression dans un moment où les circonstances
» m'obligent de vendre la seule propriété qui me reste pour
» achever l'éducation de mes enfans. Des relations amicales
» m'auroient été infiniment plus agréables.

» J'ai l'honneur d'être avec respect, Monsieur, votre très-
» humble et très-obéissant serviteur,

» FEBURIER. »

Examen de cette Lettre.

Ici se trouvent donc réunis tous les griefs que M. Féburier prétend que j'ai commis contre lui, depuis quinze ans que nous nous trouvons en relation , et qui ont motivé la publication de ses Observations.

(*a*) Il commence par parler d'une nouvelle Attaque contre sa Théorie végétale. Ainsi, suivant lui, j'en aurois dirigé déjà plusieurs autres contre lui, tandis que je suis en état de prouver que c'est lui qui, à huit ou neuf reprises , est venu me provoquer; en sorte que je n'ai jamais fait que répondre à ses Aggressions; et, comme je l'ai dit, je n'y ai jamais rien dit contre sa Théorie, attendu que je ne parle jamais que de ce que je comprends. Quant à l'Attaque prétendue du 6 juin , on va voir se développer la Tactique par laquelle M. Féburier a voulu persuader que c'étoit moi qui, de but en blanc , étois venu l'assaillir de nouveau.

(*b*) Mais pourquoi M. Féburier venoit-il , après six ans de silence , répliquer à l'Ouvrage dans lequel j'avois repoussé ses premières Attaques? C'est que je venois d'être nommé Membre de l'Académie des Sciences. Ce motif perce presque à chaque page de son pamphlet , notamment à la page 78. Ainsi, comme il le dit dans sa lettre, M. Palisot ayant laissé une place vacante, qu'il occupoit comme Physiologiste, il fait entendre que je l'ai usurpée sur lui. Mais qu'il se mette bien l'esprit en repos sur ce point; ce n'est certainement pas comme Physiologiste que j'y suis parvenu , puisque dans aucune occasion on n'a cherché à faire valoir mes titres comme tel, et l'on a souvent fait entendre que c'étoit par ménagement qu'on ne parloit pas de mes Prétentions dans cette partie. Il est certain que dans cette dernière présentation qui m'a réussi, il n'a été fait aucune mention du premier Cahier de mon Cours de Physiologie , tandis qu'on a parlé avec éloge, à deux reprises, d'un Ouvrage analogue, et l'on avoit déjà dit, dans une autre occasion pareille, ce que M. Féburier

répète en terminant son Ouvrage, page 79 : « Je me fais un de-
» voir de reconnoître les services qu'il a rendus à la Botanique
» *proprement dite.* »

(*c*) Il ose rappeler ce qui s'est passé lors de la lecture de sa
lettre à l'Académie, et il a l'air de se plaindre ; cependant on a
eu la patience de l'entendre d'un bout à l'autre : il est vrai que
c'est moi seul qui déterminai l'entière lecture de sa lettre.

« La manière dont j'ai été traité par vos amis. » Certes, il me
fait beaucoup d'honneur, puisqu'il me donne pour tels tous ceux
qui se trouvoient dans la salle ; car tous ont témoigné la même
indignation. Mais leur zèle n'a pas été bien ardent, puisqu'aucun
d'eux n'a élevé la voix, lorsque, trois mois après, il a reproduit les
mêmes insultes contre moi, détaillées et imprimées dans son
Libelle *calomniateur* : en sorte que lui-même a pu continuer de
paroître dans le Sanctuaire des Sciences, et que quatre ans
après, presque jour pour jour, son Nom se trouve proclamé, en
regard avec le mien, comme Physiologiste.

(*d*) Je me suis opposé, dit-il, à ce qu'on fît l'Expérience qu'il
proposoit pour prouver que la Moelle reste dans le corps de
l'Arbre de même dimension que dans le jeune Scion où elle a été
formée. Ce n'est pas moi qui m'y suis opposé ; mais c'est la force
des choses qui le demandoit. Que vouloit M. Féburier ? Que la
Section de Botanique réunie, dont je faisois partie alors, dé-
clarât que, vu l'Expérience qu'il nous présentoit, j'avois eu tort
de soutenir cette proposition. Mais je devois, dit-il, me récuser
comme Juge. Ce n'est pas tout, non-seulement je devois descendre du Tribunal ; mais, de plus, me constituer sa Partie
adverse, en me soumettant d'avance à la Sentence qui pourroit
être prononcée. Cela ne se pouvoit pas, puisque dix ans auparavant ce même Tribunal, moi seul excepté, qui étois alors son
subordonné, avoit prononcé cette Sentence :

« M. Aubert du Petit-Thouars cite à l'appui de cette proposition
» le Tronc d'un Sureau qui avoit au moins vingt ans, et dans
» lequel la Moelle est aussi large que dans aucune branche de
» l'année ; il a observé la même chose dans une vigne. Nous

» avons répété ces Observations sur de très-gros Pieds de Sureau,
» d'Epine blanche, etc., et dans aucun la Moelle allongée n'avoit
» disparu pour être remplacée par du Bois; elle y *conservoit sou-*
» *vent autant de Diamètre que dans les jeunes Branches.*

Rien de plus clair et de plus précis que ce jugement; cependant M. Féburier trouve le moyen de l'embrouiller, et cela, de la manière la plus perfide. Il soutient à plusieurs reprises que j'ai induit en erreur tout l'Institut et le Public, si bien que les commissaires ne m'ont donné gain de cause que sur la seule autorité d'un auteur anglais, Sir Thomas Knight, tandis que l'on voit que c'est le vû seul des pièces qui les ont déterminés; attendu que cet auteur n'est pas cité dans mon mémoire, du moins sur ce point. Ce sont les commissaires seuls qui, après avoir dit : « Ainsi, la moelle ne s'oblitère pas conformément à l'opinion de M. du Petit-Thouars, ont ajouté, et comme l'avoit déjà avancé, en 1801, M. Knight, voyez XIIIme Ess., pag. 33, et à la suite de cet ouvrage, pag. 59. » C'est donc par l'examen synchronique des Troncs, Branches et Scions des arbres qui ont la moelle d'un très-grand diamètre, que j'ai déterminé ce jugement. M. Féburier voudroit que le tribunal qu'il invoque se transportât, à une époque déterminée de l'année, dans un lieu planté d'arbres de différentes espèces; que l'on choisît sur l'un d'eux quatre jeunes Branches que l'on jugeroit à peu près de pareil diamètre; qu'on en coupât une pour juger le diamètre de la Moelle. Se bornant pour le moment à cette première opération, il remettait l'audience à quelques mois de là, pour trancher la seconde branche. Enfin, dans une des variantes de cette prétendue expérience, il la prolonge jusqu'à la quatrième année. Ce n'est qu'alors qu'il croit qu'on pourroit être sûr que la Moelle se rétrécit; mais de combien ? il ne le spécifie que dans une occasion. C'est dans la seconde notice sur les Rayons *médullaires*, où il dit positivement : « La réduction de cet étui continue jusqu'à ce qu'il oppose une résistance égale à la force de compression. Ordinairement, la réduction est de plus de moitié, comme je l'ai vérifié sur les Rosiers sans *épines* et *hispides* et sur d'autres Arbres et Arbrisseaux. » Comme M. Féburier m'avoit raconté cette expérience comme exécutée devant plusieurs membres de la Société de Versailles, sur des Rosiers ou Églantiers, je la citai donc de mémoire à la page 183 de mon *Histoire d'un morceau de Bois*; pour y répondre, je me contentai de dire qu'ayant examiné des Troncs et des Branches des plus fortes pousses d'Églantier, j'avais trouvé que sur les plus vieux comme sur les plus jeunes, le *maximum* du diamètre de la moelle étoit de trois lignes; que, par conséquent, suivant l'assertion de M. Féburier, elles devaient avoir eu six lignes l'année précédente; et je le priai de m'en faire voir de telles. C'est à ce sujet qu'il me répondit obligeamment que je ne faisois que des expériences de cabinet.

(c) Si l'on veut savoir qui, de M. Féburier ou de moi, a été l'agresseur, il suffira de lire dans les *observations préliminaires* de l'Histoire d'un Morceau de Bois, de la page 6 à la page 9, et la plupart des circonstances que j'y cite sont reconnues par M. Féburier. Il avoue donc que c'est lui qui est venu me présenter, sur mon invitation, cinquante et quelques objections contre ma Théorie *végétale*; que je m'empressai d'y répondre; mais qu'au lieu d'y riposter directement, il fit paroître dans son *Essai sur les deux sèves* onze pages dirigées contre ma Théorie; que je reconnus que le fond n'étoit autre chose que les objections qu'il m'avoit faites; mais qu'il ne parloit nullement de mes réponses. Je crus devoir me plaindre de ce procédé. Six ans après, il répond tranquillement « qu'il n'a pas cru devoir faire attention à mes ré-» ponses, parce que c'étoit une *plaisanterie* de ma part. » (Voy. p. 6.) Il explique plus loin son idée (pag. 10).; c'est en prenant acte de mes paroles, parce que j'ai dit : « Je m'empressai de répondre » à ces objections; il ne m'en a pas beaucoup coûté, car il m'a » suffi de rapporter des passages de mes Essais; » c'est à dire, reprend M. Féburier, « que je combattois les principes contenus » dans ces passages que j'avois sous les yeux, et que l'Auteur me » renvoyoit dans une écriture presqu'indéchiffrable, et il trouve » étonnant que je n'aie pas répliqué. » Faut-il convenir que je suis dans mon tort ? Cependant je pourrois dire d'abord que

M. Féburier marqua beaucoup d'empressement pour avoir ces réponses, que je m'étois contenté de lui lire; je refusai de les lui laisser, attendu qu'elles n'étoient encore qu'en brouillon, n'ayant pas eu le temps de les mettre au net. Il revint à la charge, et, vaincu par ses sollicitations, je les lui abandonnai; il ne fit aucune difficulté sur mon écriture, m'assurant qu'il en avait déchiffré de plus mauvaises. Ce fut donc une marque de confiance de ma part de lui abandonner mon manuscrit dans cet état; et comme on le voit, il a eu beaucoup d'égards pour ma condescendance. Je répétois, dit-il, dans une mauvaise écriture ce que j'avois imprimé; mais c'étoit une manière de parler, je voulois dire par là que mon système étoit si bien lié, que toutes ses parties se défendoient mutuellement; d'autres fois, je pouvois avoir présenté sous un nouveau jour quelques-unes de mes précédentes idées; en définitive, pourquoi, sur ma première demande, M. Féburier ne m'a-t-il pas rendu mon manuscrit, ou même ne l'a-t-il pas déposé de manière qu'on pût constater l'impossibilité de le lire? Jusque là, je suis en droit de dire qu'il ne l'a fait disparaître, que parce qu'il a trouvé mes argumens trop forts. Je peux dire aussi qu'il y avoit des idées nouvelles dont il a voulu profiter; je peux du moins prouver que j'y avios traité quelques points qui étoient étrangers à mes Essais. Entr'autres, par une phrase de la page 7 citée plus haut. Là, après avoir parlé de la suppression de mes réponses, je dis : «Ce qui me surprit le plus, ce fut d'y voir
» (dans son Essai sur les deux sèves) que la prétendue explica-
» tion de mon système consistoit en trois phrases isolées prises
» dans le cours de mon ouvrage. Il avoit déjà fait la même chose
» dans ses objections manuscrites, et je lui avois fait sentir l'in-
» convenance de ce moyen : malgré cela , il y a persisté. » Il est certain qu'à cette époque j'avais la mémoire plus présente de ce que pouvoient contenir mes réponses. Cela prouve du moins qu'elles n'étoient pas des plaisanteries. La suite de ce paragraphe peut convenir ici.

« Sans cette dernière circonstance je ne me serais nullement
» inquiété des attaques de M. Féburier; mais comme il a distri-

» bué son ouvrage à un grand nombre de personnes, et qu'il s'en
» trouvera plusieurs qui, sans se donner la peine d'examiner,
» se trouveront toutes disposées à me condamner seulement
» comme un Novateur dangereux, elles ne seront pas surprises
» qu'on ait accueilli si froidement un Système qui leur paraîtra
» *ridicule*, grâce à la manière dont il est *travesti*. Je me
» crois donc obligé de répondre à M. Féburier. J'ai perdu quel-
» ques momens qui eussent été épargnés s'il m'eût rendu mes
» Réponses, et surtout en leur ripostant, parce que cette discus-
» sion se serait passée entre nous, et que son résultat seul eût pu
» être rendu public. »

Voilà donc un reproche positif que je réitère à M. Féburier, celui
d'avoir altéré mon opinion pour la rendre ridicule. Voyons jusqu'à quel point il est fondé : c'est M. Féburier qui va nous le
dire.

« M. du Petit-Thouars suppose, n. 7, pag. 7 (*Ess. sur la Vé-*
» *gétation*) : 1. Deux points vitaux, l'un dans le Bourgeon et
» l'autre dans la Racine, d'où s'élancent les deux parties d'une
» fibre qui s'anastamosent au point de contact. 2. Ensuite, il
» fait seulement partir la fibre d'un Bourgeon pour descendre
» dans la Racine (pag. 21 et 97). 3. Enfin il déclare, pag. 132,
» que l'opinion que pour qu'une fibre en produise une autre, il
» faut qu'elle se fende dans toute sa longueur comme certains
» polypes, est à-peu-près la sienne. Cette opinion est cependant
» bien différente des deux premières. »

Je répondis (p. 36, *Hist. d'un Morceau de Bois*). On peut voir
mon véritable système dans le tableau que je présente dans cet
ouvrage ; il étoit en tête du XI° Essai ; mais dans le premier, j'é-
tois encore loin de prétendre exposer un Système complet ; ce
n'est que dans le second que je l'ai réellement fondé. C'est à lui
qu'appartient la seconde phrase ; quant à la troisième, c'étoit
justement une opinion que je citois pour la combattre, c'étoit
celle de Darwin ; mais franchement, tout en rendant justice
à son mérite, c'est donc de la manière la plus précise que j'ai
démontré que j'étois loin d'adopter cette opinion.

(xij)

Voyons comment il a profité des deux avertissemens que je lui avois donnés.

(Pag. 11.) « Mais j'ai fait consister l'exposition de son système » en trois phrases (isolées), et sans cette circonstance l'auteur » ne se seroit nullement inquiété de mes attaques. Il paroît qu'il » n'aime pas le style laconique. » Permettez-moi, dira-t-il, cette petite saillie de gaité, et certes, on ne peut pas dire qu'elle ne soit de bonne source, car c'est du Molière tout pur :

Cet homme, assurément, n'aime pas la musique.

Il reproduit donc cette altération perfide à la page 45.

Ce ne seroit donc qu'à son exemple que je me serois rendu coupable d'infidélités semblables, et qu'il en seroit résulté pour lui le devoir de répondre à mon *Histoire d'un Morceau de Bois* et de prendre la marche que j'ai suivie dans cet ouvrage, et souvent dans les mêmes termes; en sorte qu'à l'occasion d'une des prétendues altérations qu'il me reproche, il dit : « On a vu comme » il l'a *travestie*..... comment il l'a rendue *ridicule* par ce tra- » vestissement, et a paru aux yeux de ses lecteurs la repousser » avec raison. » (Voy. plus haut.)

Mais ce qui a déterminé plus spécialement la rupture d'un silence de six ans, c'est ma dernière aggression. Je laisse la parole à M. Féburier.

« Le 20 juin, M. le baron Percy, président de l'Académie des » Sciences, présenta de vive voix à la Société royale et centrale » quelques questions sur la Moelle, dans l'intérêt de son art » (la chirurgie). M. du Petit-Thouars prit la parole, non pour » répondre à ces questions, mais pour établir en fait que lors- » que la Moelle a pris ses plus grandes dimensions dans un Scion, » elle ne diminue plus en diamètre. On voulut en vain le rap- » peler à la question : il déclara que celle qu'il traitoit étoit très- » importante, et il continua à la discuter en combattant la » mienne. J'y répondis brièvement, parce que la société ne s'é- » toit déjà pas crue compétente pour décider une pareille ques- » tion; mais je m'adressai à l'Académie (25 juin). »

Je dirai à cela que c'étoit dans la séance précédente du 6 juin, où la question avoit été jetée en avant par M. Percy au sujet du Moxa, que je commençai à dire mon avis à ce sujet ; mais comme on avoit à traiter des objets qui paraissoient plus importans, on remit à la séance suivante la discussion. J'avoue que je me préparai pour la soutenir, ce fut en apportant des morceaux de bois dans ma poche ; mais ce n'étoit pour moi que des Armes défensives, car je n'avois nullement l'intention d'entamer la discussion ; aussi la séance s'étoit écoulée en grande partie sans qu'il en eût été question ; mais M. Percy ayant demandé la parole, la remit sur le tapis. Comme le dit M. Féburier, on chercha d'abord à l'écarter comme n'étant pas du ressort de la Société ; mais elle fut continuée, et je m'aperçus qu'en général la majorité étoit contre mon opinion. Mais ayant déployé mes champions à ma manière accoutumée, je démontrai par le Synchronisme, qu'il étoit absurde de soutenir que la Moelle pût diminuer. C'étoit en cela seulement que j'attaquois l'opinion de M. Féburier, mais sans le nommer, et je ne dis pas un mot de sa Théorie. J'eus la satisfaction de voir qu'on avoit senti la force de ma démonstration, en sorte que plusieurs me témoignèrent publiquement qu'ils étoient revenus à mon avis. M. Féburier reprit la parole, et, quoi qu'il en dise, ce ne fut pas brièvement ; de plus, c'étoit de manière à faire voir qu'il s'étoit préparé à soutenir son opinion ; et il faut le dire, il le fit d'une manière convenable ; en sorte qu'il n'y eut pas le moindre signe d'aigreur de part et d'autre. Rien donc ne motivoit le ton qu'il prit dans la lettre qu'il adressa à l'Académie pour lui soumettre de nouveau cette question.

(f) C'est un pur zèle qui a excité M. Féburier, c'est l'intérêt de la science, et surtout de l'Agriculture, qui lui a mis la plume à la main, puisque, comme il le dit, celle-ci repose sur la Physiologie *végétale* ; mais lui-même nous a donné l'idée de l'accueil que les plus habiles Agriculteurs font aux questions de pure Physiologie, en disant avec vérité que ce fut avec répugnance qu'on nous laissa discuter sur la Moelle. Au fait, disoient-ils, aurons-nous un Epi de Blé de plus, une plus belle Pêche, quand nous

saurons à quoi nous en tenir sur les modifications que peut recevoir cette partie des végétaux ?

(*g*) Ce fut par cette lettre écrite au sieur Sieulle, en date du
16 août 1817, que j'appris enfin que M. Féburier me reprochoit
d'avoir altéré ses opinions pour mieux les combattre ; voici ses
expressions :

« Vous contractez dans vos liaisons avec M. du Petit-Thouars
» la mauvaise habitude qu'il a de supposer des opinions à ceux
» qu'il attaque , pour avoir le plaisir de les combattre. C'est ce
» qu'il a fait à plusieurs reprises dans l'ouvrage que vous citez.
» Vous feriez mieux de prendre pour modèle le *propriétaire*
» *respectable* dont vous cultivez les jardins. »

Cela rappelle le bon temps où l'on se tutoyoit en se traitant de
citoyen ; mais cependant, dans ce temps-là même, il paroît que
M. Feburier auroit fait deux classes des quatre personnages qu'il
met en jeu ; il en auroit élevé un au même rang que lui, mais il
auroit à peine jeté les yeux sur les deux autres. Ce qu'il y eut de
clair pour moi dans ce passage, ce fut la duplicité de caractère
de M. Feburier, qui m'abordoit toujours, quand nous nous ren-
contrions, d'un air amical, et cependant il se croyoit en droit de
me faire le reproche le plus grave, et il prenoit pour confident
un Jardinier auquel il écrivoit pour la première fois, et cela pour
lui faire , je l'avouerai , un reproche fondé. Je ne pouvois douter
qu'il n'eût communiqué cette accusation depuis long-temps à tous
ceux avec qui il entretenoit quelque relation, mais toujours à mon
insu. Il m'importoit donc que de particulière elle devînt publique :
pour y parvenir, je profitai d'une circonstance : j'avois appris , encore par hasard, que dans une séance de la Société d'Agriculture de
Versailles M. Feburier, en faisant un rapport sur un Mémoire d'un
membre de la Société centrale , M. Sageret, en avoit pris l'occasion
pour attaquer quelques-unes de mes opinions physiologiques. J'é-
crivis au président de cette Société pour me plaindre , non pas de
cette nouvelle provocation , mais de ce qu'elle avoit eu lieu de manière que je ne l'avois connue que par hasard ; faute assez grave ,
suivant moi. Ce n'étoit cependant que le prétexte d'une accusa-

tion plus essentielle. Je présentai le passage de la lettre adressée à M. Sieulle, j'en fis sentir toute l'inconvenance; je finis par demander que M. Féburier déposât sur le bureau de la Société de Versailles tous les passages de ses ouvrages qu'il prétendoit que j'avois altérés, et que je m'engageois à donner sur chacun d'eux tous les renseignemens qu'on pourroit désirer. Rien de plus simple que cette demande, et il étoit bien facile d'y satisfaire. Cependant je ne reçus pour réponse que la simple accusation de réception. Il n'en résulta qu'un motif de plus à M. Feburier pour me représenter comme un homme inconséquent.

« Aussitôt que M. du Petit-Thouars eut connaissance de ce
» rapport (ce ne fut que quelques mois après), il adressa à la
» Société une lettre, non pour examiner mes raisons, mais pour
» se plaindre amèrement de ce que je profitois de toutes les occa-
» sions pour l'attaquer..... Ainsi l'auteur, qui s'est déclaré en
» état perpétuel de guerre avec tous ceux qui écriront sur la
» Physiologie végétale et qui n'admettront pas son système, qui
» leur reproche de n'avoir pas discuté ses opinions et qui les y
» provoque, est venu se plaindre qu'on usait de représailles. Je
» laisse au lecteur le soin d'apprécier une pareille plainte, et je
» me contente d'exposer ma conduite. » (Voy. Obs., pag. 75
à 77.)

Il ne dit pas un mot du véritable sujet de ma lettre, la déclaration précise des passages de ses ouvrages que j'ai altérés pour les combattre plus facilement. Ce n'est que six ans après que mes prétendues falsifications ont été enfin connues du public; c'est dans l'ouvrage dont le passage que je viens de citer, ainsi que les autres, est extrait; mais par celui-ci seulement il est facile de prouver qu'il est maître passé dans l'art de faire dire à son adversaire le contraire de ce qu'il disoit.

» Ils jugeront sans doute que je n'ai pas été très-coupable de
» prendre de l'humeur à la lecture d'un ouvrage dans lequel on me
» fait dire si fréquemment ce que je n'ai pas dit, on me fait penser ce
» que je n'ai pas pensé, on *travestit* d'une manière *ridicule* les
» expériences que je propose, et on profite de ces changemens
» pour me combattre et détruire ma Théorie, de manière à

» tromper ceux qui ne la connaissent que par l'ouvrage de l'au-
» teur. » (C'est une variante de la phrase qu'il m'a empruntée.
Voy. ci-dessus, pag. ix.)

On demandera maintenant pourquoi la Société d'Agriculture de
Versailles n'a pas satisfait à ma demande? Il paroît qu'elle avoit
fait des démarches pour cela, et qu'elle avoit engagé M. Feburier
à répondre à ma sommation; mais après avoir beaucoup crié de
vive voix contre mes prétendues altérations, il se trouva fort em-
barrassé pour les reproduire par écrit, car il ne put se dissimuler
qu'elles seroient loin de justifier tout le bruit qu'il avoit fait. Au
lieu de les présenter simplement une à une, il les noya dans une
cinquantaine de pages de la diatribe la plus virulente qu'on eût
faite depuis le seizième siècle. Il espéra qu'on partageroit son
ressentiment, et que même la Société de Versailles ordonneroit
l'impression de ce Libelle, car il ne vouloit pas faire la guerre à
ses dépens; mais on dit que cette proposition fut repoussée avec une
juste indignation. Cependant je restai toujours, à mon insu, accusé
et convaincu devant les personnes de sa connoissance d'avoir frauduleusement altéré ses opinions. Un gros manuscrit fut donc le seul
résultat de ma démarche auprès de la Société de Versailles; mais
il fut relégué au fond d'un tiroir. Cependant la Rancune veilloit toujours pour trouver une occasion favorable pour le produire. Elle
arriva donc *par hasard* le 20 juin; mais pourquoi arriva-t-elle à
cette époque précisément plutôt qu'à toute autre, avant ou après?
car il est évident, par ce que j'ai dit, et que je serois en état de démontrer plus amplement, que ce prétendu *hasard* étoit entièrement à la disposition de M. Feburier; mais, comme l'indique la
fin de sa lettre, le Nerf de la guerre lui manquoit, il l'obtint alors.

Il tira donc de son obscurité son manuscrit vers le 25 juin, il
y jeta en tête et en queue quelques particularités relatives à l'é-
poque, et trois mois après, le 17 septembre, il fut distribué. Ce
fut donc une sorte d'improvisation dictée par l'indignation que
ressentoit l'auteur : c'est le cas, plus que jamais, de dire le *temps
ne fait rien à l'affaire*; car, sans faire tort à cet ouvrage, on en
a vu de meilleurs et de plus volumineux paroître dans moins de
temps. Mais il est important pour moi de démontrer que ce n'est

pas moi qui ai forcé M. Feburier à diminuer la somme qu'il réservoit pour l'éducation de ses Enfans.

(h) Ce n'est pas moi surtout qui ai contrarié le projet qu'il avoit d'entrer en liaison avec moi. Je m'étois prêté loyalement à la marche qu'il vouloit suivre pour nous communiquer nos *découvertes réciproques*. Il a commis une première infidélité, et, qui pis est, il a voulu la justifier par les insinuations les plus perfides, et c'est en m'adressant personnellement un libelle calomniateur qu'il ose parler de liaisons amicales !

(i) Quant à mes notes sur le Rapport que M. Feburier avoit fait au nom de la Société centrale sur la manière de cultiver les Pêchers, par M. Sieulle, on pourra les voir dans mon *Recueil de Rapports*, et on verra si j'ai dépassé les bornes que me prescrivoit une juste défense.

Au surplus, dans cette occasion, ce n'est pas de lui dont j'ai eu le plus de sujet de me plaindre.

Quant à son Libelle, dès qu'il m'a été remis, j'avoue que dans le premier moment je n'ai pas été maître de mon indignation ; mais ensuite le calme est revenu, et j'ai fini par sourire de pitié en voyant la morgue avec laquelle j'étois continuellement tancé. Tantôt c'est un pédagogue armé de sa férule, qui poursuit un bambin, tantôt c'est un Juge qui se plaît à insulter le criminel qu'il tient sur la sellette ; partout c'est un de ces mauvais braillards d'avocats qui croyent ne pouvoir gagner leur cause qu'en accablant d'injures leur Partie adverse. Il faut voir l'ironie qu'il déploie dans toutes les occasions : mais c'est dans ses fréquentes apostrophes qu'il fait sentir toute sa supériorité. Il élève d'autant plus le ton que son Adversaire semble s'abaisser en se renfermant dans le doute ; mais si par hasard je me laisse aller à quelques mouvemens de jactance, Dieu sait comme je suis rabroué, comme, par exemple, lorsque je dis que je n'ai pas encore publié une page qui ne fût lestée par la manifestation d'une vérité nouvelle. (Voy. Obs., pag. 39.) Ce que j'ose encore maintenir.

« Cette assertion n'a pas suffi pour me convaincre, et tel est » mon aveuglement, ajoute M. Féburier, que dans huit cents

» pages imprimées par l'auteur, au lieu de huit cents vérités nou-
» velles, je n'ai aperçu qu'un petit nombre d'observations justes,
» jointes à des vérités déjà présentées par d'autres savans, et à
» des principes et des raisonnemens faux. J'ai peut-être tort,
» mais c'est le public et non l'auteur que je reconnois pour juge. »
(Obs., p. 12.) Je me trouve d'accord avec lui dans ce moment,
en reconnoissant l'autorité du Tribunal qu'il invoque, et j'annonce que je suis en état de prouver devant lui que, dans les
soixante-dix-sept pages qui forment son plaidoyer dans cette
cause, il n'y en a pas une, l'une portant l'autre, qui ne soit
imprégnée par une Altération *manifeste* de mon texte ou de mes
opinions.

Par l'examen que je viens de faire de sa Lettre, qui est une
sorte de résumé de son Libelle, on peut voir que cette tâche est
facile à remplir; car poussant plus loin ma dissection, j'aurois
pu faire voir un faux dans chaque phrase; je me contente de
citer la prétendue agression qu'il me reproche en commençant.

Du moment que j'ai eu entre les mains ses Observations, je
n'ai pas eu de tranquillité que je ne me sois mis dans le cas de
prouver que tout ce que M. Feburier avoit avancé, qui pouvoit
compromettre ma *Délicatesse,* étoit entièrement controuvé, par
conséquent de pures calomnies. Je n'eus pas plutôt fini ce
travail désagréable, que, satisfait intérieurement, j'en restai
là : c'est alors que je dis : *C'est de la boue, et cela ne tache pas.*
Mais j'ai eu tort, parce que toute Calomnie *publique* doit être
repoussée publiquement ; car combien de personnes, parmi ceux
qui ne nous connoissoient pas intimement, ont dû prendre ses
assertions pour des vérités, à cause du ton d'assurance avec lequel il les débite !

Sur quelque point que ce soit, il est du devoir de l'honnête
homme de faire connoître pleinement la vérité. Cependant, jouis-
sant encore pendant trois ans d'une sorte de calme, je me
félicitois de l'avoir obtenu sans esclandre. Mais cet homme,
ennemi juré de mon repos, avoit manœuvré pour venir encore
le troubler de la manière la plus désagréable. Il se présente sous

un travestissement à l'Académie des Sciences, et pour mieux se déguiser, c'est de mes propres vêtemens qu'il s'enveloppe pour venir me mystifier. Il en résultoit donc une sorte de ridicule qui ne me regardoit pas seul, j'ai voulu le détourner en faisant voir dans une explication que c'étoit par excès de bonne foi que j'avois été la dupe d'une fausse apparence de franchise. On n'a pas voulu m'écouter ; alors j'ai pris la résolution d'exposer par l'impression les pièces de cette misérable affaire. Il en résulte un Recueil qui contient :

1°. *Le Rapport sur une Notice d'Anatomie Végétale*, de M. Romain, tel que je l'avois lu les 19 et 26 avril 1824. (Pag. 1.)

2°. *Considérations particulières sur la Notice d'Anatomie Végétale*, de M. Romain. Là, je rendois compte des accessoires survenus depuis la déposition du Mémoire, et qui l'ont tiré de la classe des Anonymes proprement dits. (Pag. 3o.)

3°. *Nouvelles Observations sur ce Rapport.* Ayant découvert enfin ce qui pour beaucoup d'autres étoit le secret de la comédie, je voulus prouver que tout ce que j'avois dit de favorable sur le Mémoire qui avoit été soumis à mon examen, n'étoit fondé que sur la fausse donnée, que l'Auteur n'avoit pu connoître ce que j'avois publié précédemment. (Pag. 35.)

4°. *Lettre de* M. Féburier *à* MM. de la Billardière *et du* Petit-Thouars. C'étoit pour se plaindre, mais cette fois avec une apparence de politesse, de quelques erreurs commises, suivant lui, par le Rapporteur, dans le Compte rendu de quelques-unes de ses idées. J'y ai répondu par des notes intercalées. Il semble au premier aperçu qu'il étoit revenu vis-à-vis de moi à des sentimens de modération. (Pag. 4o.)

Mais dans une seconde visite, je vis reparoître tout l'ancien Levain de la rancune ; notamment, lorsque je lui fis quelques observations sur l'inconvenance du ton qu'il avoit pris avec moi : loin de s'excuser sur ce point, il me dit, d'un air satisfait de lui-même : *Dame! c'est que lorsque je m'en mêle, j'ai la dent bonne.*

5°. Extrait de l'avant-propos du précis d'Anatomie Végétale, avec des notes. (Pag. 5i.)

6°. Extrait d'une Réponse faite à un Libelle intitulé : Observations sur la Physiologie de M. du Petit-Thouars. (Pag. 64.)

Ce Recueil étoit imprimé, prêt à être distribué, et je l'ai encore retenu, c'est un nouveau tort que j'ai eu; car s'il eût été publié, le nom de M. Feburier ne seroit pas venu s'accoler au mien comme physiologiste. On peut consulter ces pièces, et l'on jugera ensuite si j'ai tort de témoigner hautement le déplaisir que j'ai éprouvé en voyant ce rapprochement.

Il me reste maintenant à résoudre la seconde question. Ce Nom devoit-il paroître dans cette occasion ? Pour résoudre cette question, je vais donner d'abord la Notice même.

7°. Extrait de l'Analyse des Travaux de l'Académie des Sciences sur la Notice de Physiologie Végétale de M. C. R. Féburier. (Pag. 65.)

8°. Notes sur cet Extrait. (Pag. 67.)

9°. Extrait du *Philosophical Magazine*, contenant une Lettre de sir Lindley sur les Travaux de Physiologie Végétale de M. du Petit-Thouars. (Pag. 76.)

10°. Extrait du même ouvrage, contenant une Lettre de sir Smith en réponse à la précédente. (Pag. 78.)

11°. Extrait des Analyses des Travaux de l'Académie des Sciences, contenant les Travaux de M. du Petit-Thouars pendant les années 1822, 1823 et 1824. (Pag. 80.)

Des numéros indiqueront les pages du Rapport : en les consultant, on verra que dans le moment même où je semblois être le plus favorable à M. Romain, je faisois voir qu'il ne se trouvoit pas une idée dans son ouvrage qui fût neuve; mais, m'en prenant à ses paroles, je lui accordois sans contestation qu'il pouvoit avoir trouvé de son côté ce que d'autres avoient trouvé et publié long-temps avant que l'on connût son existence. (Pag. 65.)

Des Lettres renverront à des Notes particulières, par lesquelles on prendra l'idée de ce qu'eût été le Rapport, s'il eût regardé un Auteur dont on connût la date précise de ses ouvrages, par conséquent celle de ses prétendues Découvertes.

De l'Imprimerie de GUEFFIER, rue Guénégaud, n°. 31.

RAPPORT

SUR

Un Mémoire contenant une Notice d'Anatomie végétale, déposé sur le Bureau de l'Académie des Sciences, dans sa Séance du 2 février 1824, par M. C. Romain;

Dont la lecture a été commencée par Aubert du Petit-Thouars, le 19 avril suivant, et terminée le 26 du même mois.

———

Nous avons été chargés, M. de la Billardière et moi, de prendre connoissance d'un Ouvrage manuscrit déposé sur le Bureau, portant le titre de *Notice sur l'Anatomie végétale,* par M. C. Romain, pour en faire un rapport à l'Académie; nous nous sommes empressés de nous mettre à même de remplir cette intention. Par la lecture seule de l'Ouvrage qui nous a été remis, nous avons appris que l'Auteur, vivant habituellement loin de la Capitale, s'occupoit depuis quinze ans au moins de Physiologie *végétale,* et cela dans le but principal de seconder ses travaux en Agriculture. Ayant consulté les Auteurs les plus célèbres qu'il a pu se procurer, comme Malpighi, Grew, Duhamel, Linné, Ludwig, Reichel, Ledwig, Dessaussure, Mirbel et Richard, il a entrepris de les fondre en un corps d'Ouvrage qui pût faciliter l'étude de cette Science. Mais, loin de se borner au Rôle de Compilateur, il a voulu vérifier par lui-même toutes leurs assertions; et se servant, à ce qu'il paroît, assez habilement du Microscope, il a pu même se rendre témoin des dernières découvertes de M. Amici. (*Voyez* la Note E.)

C'est donc une sorte d'Abrégé de cet Ouvrage que M. Romain soumet au jugement de l'Académie, et il ne s'y est déterminé que pour céder aux sollicitations de ses Amis en général Il paroît qu'une grande Méfiance dans ses propres Conceptions est un trait distinctif de son caractère, et ce n'est que par des Conjectures que nous pouvons en prendre quelqu'idée, car nous n'avons aucune connoissance directe de l'Auteur. Il nous a écrit pour s'excuser « de ce qu'il n'étoit pas venu nous rendre visite » pour nous remercier de la complaisance que nous avons eue de » nous charger de la commission d'examiner sa Notice, crai- » gnant d'être importun. » Il faut avouer que c'est un langage auquel les Commissaires départis par l'Académie ne sont pas accoutumés. Ils deviennent des Juges reconnus par ceux qui ont provoqué leur sentence ; mais, comme tels, ils sont sollicités, et plus d'une fois des considérations particulières les ont fait dévier de la Rigidité de leurs principes. Ici, Messieurs, nous ne serons pas dans ce cas, car nous n'avons que l'Ouvrage seul à juger. Plusieurs fois il est arrivé, en Littérature, qu'une Produc- tion, apparoissant subitement, a commandé l'attention sans qu'on pût savoir à qui on la devoit. Cela est beaucoup plus rare dans les Sciences ; car, comme elles sont le Résultat d'une suc- cession de travaux, celui qui veut y faire des progrès a besoin de s'approcher de ceux qui les exécutent, d'entrer en communica- tion avec eux. Il suit de là, que long-temps d'avance on connoît ceux de qui l'on peut attendre de nouvelles lumières : aussi voit-on que rarement on a pu tirer parti des Productions abruptes.

Il nous a suffi d'une première Lecture pour juger qu'il n'en étoit pas de même de celle qui nous étoit soumise : d'abord, nous l'avons trouvée écrite avec netteté et précision ; en sorte que si, comme l'Auteur l'annonce, il l'a composée des Opinions de ses prédécesseurs, elles ont presque toujours été exposées avec autant de fidélité que de clarté ; de plus, il les a accompa- gnées de ses propres observations, et elles sont nombreuses, et, pour l'ordinaire, si bien développées, qu'on peut recourir à la Nature pour les vérifier. Quelquefois, peut-être, on pourroit desirer l'application d'un plus grand nombre d'exemples ; mais on doit songer que ce n'est que l'abrégé d'un Ouvrage plus com- plet qu'on nous a communiqué.

M. Romain commence par exposer les causes qui, suivant lui, ont retardé les progrès de l'Anatomie *végétale ;* si l'*Animale* a été plus loin qu'elle, c'est qu'elle est favorisée par plusieurs circonstances, comme, par exemple, « de ce que le Fœtus » animal, quelque près qu'il soit de sa première apparition, » présente déjà toutes les parties ou organes qui doivent le » composer dans son État parfait, tandis que celui des Plantes » ne les reçoit que successivement. » Peut-être pourroit-on soutenir cette opinion, que la Plantule est tout aussi complète, attendu qu'elle ne consiste réellement que dans ses Cotylédons et les Vaisseaux qui les composent ; que la Plumule ainsi que les autres Bourgeons sont de nouvelles Plantes : mais ce qui est plus évident, et qui est à l'avantage de l'Anatomie *végétale,* c'est que, pour les Plantes *Annuelles,* on peut, par des soins successifs, se procurer, dans l'espace de Trois mois, toutes les phases de leur *Végétation* présentes au même instant. Quant aux Plantes *ligneuses,* il en est plusieurs d'entr'elles où on les trouve rassemblées d'une manière évidente sur la même Branche : ainsi, dans les unes comme dans les autres, on trouve un Synchronisme des plus avantageux pour les recherches de Physiologie.

L'Auteur entre en matière, en prenant pour point de départ la division de M. de Jussieu : celle des Dicotylédones, des Monocotylédones et Acotylédones. Il s'étend beaucoup sur la première, et ne traite les deux autres qu'en manière de Corollaire.

Dans une Note, il regarde la question de savoir s'il y a des Plantes polycotylédones, comme indécise ; car si, suivant lui, » leur existence est évidente dans quelques circonstances, elle est » douteuse dans les autres. » Il cite à ce sujet une observation qui lui paroît nouvelle : il dit que, lorsqu'il cultivoit les Œillets *Dianthus euriophylus ;* il trouvoit assez souvent de jeunes Plantes à trois Cotylédons, indice presque certain que leurs Fleurs seroient doubles.

L'un de nous avoit appris, depuis long-temps, que cette croyance étoit établie parmi les Fleuristes, car il fut vivement tancé par l'un d'eux, parce qu'il avoit voulu arracher d'une terrine de semis qu'on lui faisoit voir, l'un de ces petits Monstres, l'Amateur lui disant que peut-être de là sortiroit le plus bel OEillet connu. Il a depuis retrouvé cette même opinion exposée dans un des premiers Traités publiés sur la Culture des OEillets, La Chesnée Monstreulx, de 1654 (1); mais un autre Auteur dit positivement que son expérience lui a démontré que c'étoit une erreur.

Il passe ensuite à la Description des grands Végétaux dicotylédones (les Arbres), qui sont composés, hors de terre, d'une *Tige* et de *Branches* qui sont garnies et ornées de *Feuilles*, de *Fleurs* et de *Fruits*; sous terre, de *Racines* plus ou moins fortes. Le point intermédiaire entre ces Racines et la Tige prend le nom de *Collet*. Suit donc la Description de ces différentes parties.

LA TIGE.

Sa Description ne contient rien de nouveau; il la prend toute formée, en disant « qu'elle s'élance dans les Airs, jusqu'au point » où elle cesse de monter pour se diviser en plusieurs Branches » terminales. Il y a de ces Tiges qui continuent jusqu'à l'extrémité » supérieure des Végétaux; d'autres se divisent en Branches à la » moitié, ou au tiers, ou au quart de l'Arbre. »

On voit que, comme tous ceux dont il a suivi les Erremens, il n'a pas fait attention à la manière dont les Arbres se forment; car il auroit reconnu facilement que tous avoient été rameux dès la base. Il parle brièvement de toutes les espèces de Tiges.

DE LA MOELLE

Il passe tout de suite à l'examen de la Moelle, en disant « qu'elle occupe toujours le centre ou l'axe de la Tige »; et il ne paroît pas disposé à croire qu'elle diminue par suite de la compression qu'elle éprouve par la Végétation, quoiqu'il reconnoisse que, dans quelques Arbres, elle paroisse se changer en

---

(1) C'est une Méprise que j'ai faite, La Chesnée n'a écrit que sur les tulipes; mais je ne me ressouviens plus du nom des deux auteurs que j'ai cités.

une substance solide, vraisemblablement au bout de quelques années. C'est apparemment du Chêne dont on veut parler ; mais nous croyons que cet effet a lieu dès la première année de sa formation.

Il regarde la Moelle comme la Réunion d'un grand nombre de Cellules, plus ou moins *exagonales*, dont chaque cloison paraît commune à deux Cellules ; et il dit expressément en Note : « que, » quoique plusieurs Observateurs aient pensé que chaque Cel- » lule avoit ses Membranes particulières comme chaque Vais- » seau, il n'a jamais pu s'en apercevoir. » Nous croyons que, dans cette occasion, l'examen de cas particuliers est plus positif que l'emploi des meilleurs Microscopes. Si, par exemple, on enlève l'écorce des pétioles de Bette, avec une simple loupe on aperçoit visiblement des Utricules de parenchyme isolés ou groupés de différentes manières.

Il parle de certains filets que leur couleur rouge ou brune fait apercevoir facilement dans la Moelle de Sureau, et qui sont placés auprès des parois, et il dit qu'on les regarde comme des Vaisseaux de l'Étui *médullaire* qui s'en sont écartés. Ces fi- lets avoient déjà été décrits par Malpighi et Duhamel, lorsque La Métherie crut les découvrir le premier ; et il les regarda comme des organes particuliers et très-importans ; mais personne encore n'a exposé leur véritable origine. Voici ce qui nous a paru de plus probable à ce sujet :

Il faut faire attention que tous ceux qui en ont parlé, ont dit qu'ils ne paroissoient que dans la Moelle de deux ans et plus, et qu'ainsi on n'en voyoit aucune trace auparavant. Mais si, dès que le Parenchyme a perdu sa couleur verte pour devenir Moelle, ce qui arrive deux mois au plus tard après sa formation, on coupe net une jeune Tige, on aperçoit suinter quelques gouttelettes éparsés, on découvre facilement qu'elles occupent l'orifice d'un Tube pratiqué dans la substance même de la Moelle qui règne dans toute la longueur de l'entre-feuille : c'est donc un réservoir de Suc *propre ;* par suite du temps, ce suc s'épaissit et se co- lore : il en résulte un fil brun, élastique à la manière du verre, cassant net comme lui, quand on essaie de le courber jusqu'à un certain point. C'est surtout dans certaines Tiges élancées, qui périssent vers la fin de l'Été, qu'on les aperçoit plus facilement ; et l'on en trouve de semblables dans le Parenchyme de l'Écorce. C'est donc un Suc *propre* concret, appartenant à ce Parenchyme. Mais nous n'avons pu découvrir de quelle nature il étoit ; car, dans les Essais que nous en avons faits, il n'a paru se dissoudre ni dans l'Eau, ni dans l'Alcohol.

L'Auteur parle ensuite de la manière dont certaines Moelles se partagent en diaphragmes horizontaux (on peut citer le Noyer parmi les Arbres, le *Phytolaca* parmi les Herbes), et de celles qui, s'appliquant sur les parois, laissent, en se déchirant, un vide au milieu (cela n'appartient qu'aux Chèvre-feuilles, parmi les Plantes ligneuses, mais à beaucoup de Plantes *herbacées*). Il cite à ce sujet une Expérience curieuse qu'il a tentée sur le Grand-Soleil, *Helianthus annuus*. Il dit que trois ans de suite, ayant coupé les Fleurs de plusieurs d'entr'eux, la Moelle se partagea en diaphragmes horizontaux ; tandis que ceux sur lesquels il retrancha les Feuilles peu de temps après la Fécondation, elle resta pleine ; au lieu que dans l'état ordinaire on trouve un vide au centre. Ceci demanderoit à être vérifié ; car l'un de nous, qui a suivi avec quelque soin la Végétation de ces Plantes, n'a jamais trouvé de vide central dans leur Moelle, mais quelquefois des fentes horizontales tendant à former des diaphragmes ; mais presque toujours elle étoit pleine. Ces deux cas provenoient de Plantes abandonnées au cours de la Nature.

L'ÉTUI MÉDULLAIRE.

De là l'Auteur passe à l'Étui *médullaire*. Voici ce qu'il en dit :
« Cet organe, qui renferme la Moelle dans son Canal, lui donne
» une forme déterminée et la sépare du Bois, est composé de
» plusieurs Vaisseaux ou Tubes, dont les Trachées sont les pre-
» mières qu'on puisse apercevoir. (Il commence donc par dé-
» crire ces Trachées.) Et il dit positivement, que dans certaines

» Plantes elles sont roulées de gauche à droite, et dans les
» autres, dans le sens contraire, de droite à gauche ; que de là
» provient la différente manière dont les Tiges grimpantes s'en-
» roulent sur leur support. » Il prétend que plusieurs Tiges so-
lides sont dans le même cas, et il cite le Grenadier. (Nous
avouons que nous ne connoissions pas encore ce dernier fait) (1).
Il dit que, dans tous les cas, les hélices simples ou multiples
tournent autour d'une Membrane qui forme un petit Tube intérieur. Nous savons que cela a été annoncé par plusieurs Auteurs
étrangers, et nous nous sommes assurés que cela avoit lieu dans
quelques cas ; mais nous n'avons pu le reconnoître sur le plus
grand nombre des autres.

Il décrit ensuite les autres Tubes, qu'il regarde comme faisant
partie de l'Étui médullaire, comme les Tubes *poreux* simples,
les *Fausses* Trachées, etc., et il dit en Note : « Il est facile de
» voir que ces Descriptions sont dues à la sagacité de M. Mirbel ;
» malgré mes nombreuses vérifications, je n'ai pu observer dans
» l'Étui *médullaire* que les parties qu'il avoit découvertes et dé-
» crites, et je n'ai d'autre mérite, si c'en est un, que celui
» d'avoir suivi cet Organe dans ses ramifications et d'avoir ap-
» précié sa valeur. »

« Tels sont donc, dit-il, les Vaisseaux qui, entremêlés d'un
» Tissu cellulaire, composent l'Étui médullaire, lequel contient
» la Moelle dans son canal. Ces Vaisseaux ou Tubes, qu'on
» aperçoit dès les premiers développemens de l'Embryon, sont,
» avec le Tissu cellulaire, la base de leur organisation primitive,

---

(1) C'est-à-dire que nous avons bien remarqué, sur de vieux troncs de Gre-
nadiers, que les nouvelles productions du corps ligneux qui recouvrent le
tronc primitif et l'ont peut-être renouvelé plusieurs fois, tendent à décrire une
hélice prolongée ; mais nous n'avons pas constaté qu'elle fût toujours dans le
même sens, et surtout qu'elle s'accordât de ce côté avec leurs Trachées intérieures. Cependant, nous ne passons jamais au Luxembourg sans nous arrêter
pour contempler quelque temps les Arbres de cette espèce qui décorent ce
Jardin, et qui datent peut-être du temps de Marie de Médicis. Ce sont de su-
perbes études de Physiologie *végétale*.

et leurs combinaisons paroissent déterminer le Genre et l'Es-
» pèce de chaque Végétal. Ils existent dans toute leur longueur.
» Chaque année ils s'allongent par leurs extrémités, et des fais-
» ceaux se séparent pour traverser l'Écorce et produire les
» Feuilles; ainsi que les Boutons ou Bourgeons, ces derniers,
» par leurs développemens, augmentent les Dimensions des Vé-
» gétaux. Ces faisceaux déterminent donc la position des Feuilles,
» comme des *Gemmas* presque toujours placés à l'aisselle des
» Feuilles et même du Chevelu, où ils se terminent dans la
» terre. Ils fixent également la forme de la Moelle par les
» Angles saillans qu'ils produisent en s'écartant de l'Étui médul-
» laire. »

Ce paragraphe nous paroît digne d'attention sous tous les
rapports. On voit d'abord que l'Auteur rend à l'Étui *médullaire*
toute l'importance que lui avoit accordée celui qui en a parlé le
premier. C'est Hill qui l'a décrit et figuré sous le nom de *Co-
rona*; suivant lui, c'est de là qu'émanent les Bourgeons. (*The
Construction of Timber*, ou *Structure du Bois*, de 1770.) Mai
nous croyons qu'il faut le réduire aux simples Tubes *spiraux*
ou Trachées. Comme le dit M. Romain, ce sont les premiers à
se manifester; ce qui est très-exact : eux seuls pénètrent dans
les Feuilles. Il est un Arbre dont l'examen peut suffire pour en
acquérir une pleine Conviction; c'est le Cornouiller, non-seulement le *Commun*, mais toutes les autres Espèces : par la plus
simple dissection, celle des ongles, on peut mettre à découvert
dans le Pétiole le faisceau de Trachées, et le suivre jusque dans
les plus petites ramifications des nervures; et les fragmens restant suspendus les uns aux autres, décèlent leur existence jusqu'à
l'infini.

D'un autre côté, l'un de nous trouve qu'avec de légers changemens dans l'ordre des Idées, toute la Doctrine qu'il cherche à
établir depuis seize à dix-sept ans se trouveroit exposée; car,
pour cela, il suffiroit de commencer par le Bourgeon et de le
reconnoître comme la source de l'Étui médullaire, par conséquent des Feuilles; il en résulteroit pareillement la distinction

primitive du *Tissu cellulaire* et des *Fibres*, c'est-à-dire, du *Ligneux* et du *Parenchymateux* ; enfin, les deux se trouvent parfaitement d'accord dans cette grande idée, que la distinction des Genres et des Espèces repose sur la différence de l'Éparpillement des faisceaux de l'Étui.

M. Romain tire une conséquence remarquable du Mélange des Vaisseaux dans cet Étui ; c'est qu'ils doivent avoir des propriétés physiques différentes, qui, agissant les unes sur les autres, doivent par-là déterminer la Végétation : se portant plus loin, il les compare aux Nerfs des animaux, qui, ayant une propriété électrique opposée à celle des Muscles, agissent l'un sur l'autre. De là, il conjecture qu'il peut en être de même à l'égard de ces Tubes.

C'est dans l'opposition, et surtout l'entre-croisement des deux Substances végétales primitives, que l'un de nous présume que l'on pourroit trouver une Appareil *galvanique* toujours en activité.

LE BOIS ET L'AUBIER.

Suit la Description de l'Aubier et du Bois. Nous avouons que nous n'avons pas bien saisi la manière dont l'Auteur a cherché à expliquer sa formation, jusqu'à ce qu'il ait cité un exemple : c'est celui de la Clématite, *viorna vitalba*. Ici, nous semblerions être appelés à décider une discussion particulière ; car M. Romain dit déjà, dans sa lettre d'Envoi, qu'il ne s'est déterminé à présenter sa Notice à l'Académie, que sur ce qu'on lui avoit dit que les Observations qu'il avoit recueillies sur cette Plante étoient en contradiction avec celles qui étoient exposées dans un Mémoire couronné par l'Académie, il y avoit trois ans ; et dans une Lettre particulière, il nomme expressément M. du Trochet, en disant que, pendant son séjour à Paris, il n'a pu se procurer son Mémoire ; mais que, si on ne l'a pas trompé, il attribue la formation de la Couche ligneuse aux Rayons médullaires qui se divisent pour produire les Fibres, lesquelles se séparent à leur tour pour former des Rayons médullaires.

Comme un simple ouï-dire, dans un pareil sujet, ne peut être un motif d'attaque positive ; que, de plus, il paroît certain que les deux Auteurs ont parlé, chacun de leur côté, de la Structure interne de la Clématite, sans avoir communication de leurs idées, on pourroit, sans les compromettre entre eux, rechercher, par la comparaison de leur texte, quel est celui qui a le plus fidèlement observé la Nature ; mais, pour cela, il ne suffiroit pas d'avoir sous les yeux des tronçons de cette Plante, comme l'hiver nous les présente, dépouillés de Feuilles, mais avec de jeunes pousses. Tout ce que nous pouvons dire pour le moment, c'est que les figures de M. du Trochet peuvent très-bien convenir aux explications de M. Romain ; en sorte qu'on peut présumer qu'il y auroit entre eux plutôt une dispute de mots que de faits (B). Nous allons seulement dire ici ce qui sera nécessaire pour tâcher de faire comprendre ce que ce dernier dit de la formation du Bois. Nous dirons seulement ici, que la Clématite est une des Plantes dont l'Anatomie complète nous paroît depuis long-temps le plus propre à répandre du jour sur cette matière, et elle a beaucoup de rapport de ce côté avec les Cucurbitacées et les Vignes, quoique ces deux séries aient les Feuilles alternes. Comme la Vigne, la Clématite présente cette singularité, de rejeter en dehors toute son Écorce, pour la renouveler entièrement chaque année. Suivant l'Auteur et la Nature, « la Clé-
» matite ayant les Feuilles opposées, chacune reçoit trois fais-
» ceaux, ce qui en fait six pour l'Étui médullaire ; mais le dé-
» veloppement des deux Feuilles supérieures, qui les croise à
» angle droit, en fournit de même six autres, ce qui en donne
» douze pour la totalité ; mais dans la *Clematis flammula*, qui,
» suivant M. Romain, a constamment un verticille de trois
» Feuilles, il y a neuf faisceaux par étage, et par conséquent
» dix-huit dans le pourtour. » Mais M. du Trochet fait la même remarque au sujet de la Clématite *vitalba*, dont quelques individus ont aussi trois Feuilles. On peut croire que la Plante de M. Romain est de même une variété de la Clématite *flammula*, car nous la voyons toujours à Feuilles opposées ; mais, tant sur

celle-ci que sur d'autres, on trouve quelquefois des jets ou scions à Feuilles verticillées trois à trois. Ces faisceaux s'augmentent successivement dans le sens des Rayons, par l'addition de nouveaux Tubes et de Fibres ligneuses. Par ces Observations, on peut bien constater l'époque où paroissent les nouveaux Tubes ; mais pour déterminer le point d'où elles sortent, il faudroit avoir recours aux jeunes pousses.

Dans une autre occasion, l'Auteur dit que les Tubes qu'il a décrits « sont rares dans quelques Végétaux, mais très-mul.
» tipliés dans d'autres, tels que le Châtaignier, où ils forment
» un cercle autour de l'Étui de la Tige et de celui des Branches. »

Nous ferons remarquer ici que ce sont ces Tubes qui séparent les Cercles *annuels* sur la coupe horizontale du Bois. Outre le Châtaignier, ils sont aussi très-remarquables sur le Chêne, l'Orme, l'Acacia, etc. Il est facile de reconnoître au printemps, par des Décortications successives, que leur formation est un des premiers résultats du développement des Bourgeons, et qu'ils commencent le cercle qui va se préparer pendant la saison : de là les deux couches, où plutôt zônes, que l'Auteur cite plus bas.

RAYONS MÉDULLAIRES.

« Cette couche d'Aubier, qui, avec le temps, dit M. Romain,
» durcit et devient Bois, est traversée par un nombre plus ou
» moins grand de Cellules allongées du centre à la circonfé-
» rence ; elles communiquent d'un côté avec l'Étui médullaire,
» et de l'autre avec l'Écorce, dans laquelle il y a une prolongation
» jusqu'à l'Épiderme, mais non continue, et seulement con-
» tiguë : on les nomme Rayons *médullaires*. »

Ici, sans s'en douter, M. Romain est d'accord avec M. du Tronchet ; l'un et l'autre prétendent donc que les Rayons du Bois ne se prolongent pas dans l'Écorce.

Il suffit, pour se convaincre du contraire, d'examiner une branche de Bois au milieu de l'hiver : la continuité est évidente ; en outre, qu'on enlève l'Écorce d'une Branche de Pêcher ou de tous autres Arbres à noyau, vers le milieu de l'été, on verra les Rayons médullaires de l'Écorce rester saillans sur le Bois , comme les couches d'un cylindre de serinette.

« Ces Rayons se prolongent dans les nouvelles couches d'Au-
» bier et de Liber, qui sont produites chaque année, de manière
» à conserver leur communication avec l'air extérieur , et qu'il
» s'en forme de nouveaux dans chacune de ces couches ; mais
» ces dernières ne s'étendent pas jusqu'à l'Étui médullaire , en
» sorte qu'ils sont d'inégales longueurs, suivant les couches d'où
» ils proviennent. »

Il faut remarquer que ces Rayons , quoiqu'évidemment formés de plusieurs portions , puisqu'elles sont ajoutées chaque année , paroissent cependant d'une seule pièce ; c'est une des propriétés du Parenchyme , dont ils sont formés. De plus , cette formation successive de nouveaux Rayons , si facile à apercevoir , n'a encore été signalée que par Varenne de Feuille , dans ses excellens Mémoires sur l'*Administration forestière*.

Ces nouveaux Rayons sont toujours divisés également , entre
» les premiers produits ; en sorte que si la première année il
» n'y en a que douze produits, l'année suivante il s'en trouvera
» un placé entre deux anciens Rayons. » Ainsi , vingt-quatre.

Nous avons trouvé qu'effectivement ils se trouvoient doublés la seconde année dans la Vigne ; mais dans les autres Arbres ils sont moins nombreux : nous croyons qu'ils suivent une loi particulière dans leur production. En géométrie, tous les Cercles, grands et petits, sont divisés dans le même nombre de degrés , 360, en sorte qu'ils sont plus ou moins grands. Dans les Arbres, c'est la Largeur de chacun d'eux qui est déterminée suivant les Espèces. Comme je l'ai dit , dans la Vigne, la seconde année, il y a le double de Rayons, mais ils ont été déterminés dès la première. Cette Plante présente encore une autre singularité, c'est que chaque Rayon s'étend , sans interruption, d'une Feuille à l'autre (1).

----

(1) C'est-à-dire que sur toute sa longueur , l'entrefeuille est formé de branches alternativement ligneuses et parenchymateuses.

L'ÉCORCE.

« Toutes les couches sont recouvertes de l'Écorce, dit M. Ro-
» main ; elle est également divisée en plusieurs couches, mais
» disposées en sens contraire, c'est-à-dire que les plus anciennes
» de chaque espèce de couches sont extérieures, et les nouvelles
» intérieures ; la plus nouvelle de toutes est contiguë à l'Aubier,
» et a été produite en même temps que cet Aubier, qui est la
» dernière couche du Bois. » (Ainsi il ne croit pas que l'Aubier
forme le Bois ; vérité très-importante qu'on a eu beaucoup de
peine à reconnoître.) « Cette couche prend le nom de *Liber* ;
» c'est un Réseau fibreux, dont les Mailles sont remplies d'un
» Tissu cellulaire auquel on a donné le nom de *Parenchyme*,
» pour le distinguer de la Moelle dont il a primitivement les
» formes. Les Fibres, en s'anastomosant, forment ce Réseau
» dont on n'aperçoit ni le commencement, ni la fin d'une seule
» Fibre. »

On peut croire que c'est par confiance en ses Guides, que l'Auteur parle du Réseau du Liber ; car, s'il s'en fût rapporté à ses
propres observations, il eût vu que, lors de sa formation, le Liber
n'étoit composé que de Fibres *longitudinales* qui, s'agglutinant
par distance entre voisines, formoient des fentes qui correspon-
doient juste à celles des Fibres du Bois ; que c'étoit dans ces fentes que
se logeoit le Parenchyme qui composoit les Rayons *médullaires* ;
mais que cette couche se trouvant jetée en dehors l'année suivante par l'intermission des deux nouvelles couches de Liber et
de Bois, ne pouvoit le faire qu'en se distendant ; en sorte que
les fentes devenoient des trapèzes, enfin des Mailles plus ou
moins carrées : à mesure que leur vide s'agrandissoit, il se trouvoit rempli par de nouveau Parenchyme : que celui-ci continuoit à faire partie du Rayon *médullaire* qui étoit dans sa direction. Car cette Maille remarquée par M. Romain appartient
nécessairement à un Rayon médullaire.

Mais ceci a lieu dans quelques Arbres seulement, notamment
le Tilleul ; car dans les autres, comme le Marronier d'Inde,

toutes les couches de Liber ne présentent que des fentes également étroites. De là on peut demander comment se prêtent-elles à l'accroissement en diamètre ? Nous répondrons que nous ne faisons encore que l'entrevoir.

C'est à ces couches de Liber (B) que l'Auteur attribue la production des Sucs *propres*, si abondans dans quelques Écorces ; nous croyons qu'il se trompe, et que c'est seulement à la couche parenchymateuse, et qu'il ne se trouve aucun Vaisseau dans le Liber ; que, par conséquent, il ne peut pas y exister d'anastomose proprement dite, car cela exprime l'abouchement ou la communication d'un Vaisseau avec un autre, et nous doutons qu'il y en ait de réelle dans le Règne végétal ; on prend pour telles de simples agglutinations.

« Cette couche de parenchyme est remplie d'une substance
» verte ; ce qui lui a fait donner le nom de *Tissu herbacé*, pour
» le distinguer du parenchyme plus intérieur qui, ne recevant
» pas l'influence de la lumière, ne peut pas devenir vert. »

Mais l'on sait que la Moelle est verte lors de sa première formation ; de plus, les Rayons médullaires eux-mêmes prennent cette couleur dans la Vigne. Cela seul nous paroît suffire pour démontrer l'identité de substance qui compose tout le Système *parenchymateux* des Végétaux : lui seul, suivant les circonstances, peut devenir vert, non pas par l'admission de particules colorantes, mais par sa propre nature.

Ce Tissu est enveloppé d'un Épiderme. Mais M. Romain repousse le sentiment de ceux qui veulent que ce soit la dernière couche du Parenchyme *cortical*. La plus grande difficulté qu'il présente à ce sujet, c'est la différence de son Tissu ; mais qu'on examine l'Épiderme du Sureau, et qu'on le compare avec la Tranche de la Moelle, on trouvera qu'ils sont composés de Mailles absolument semblables en diamètre.

La superficie de certains Arbres, qui paroît unie comme celle du Pin du lord Weymouth (au moins quand il est jeune), est encore une autre difficulté proposée par M. Romain ; mais qu'on les examine tous en différentes saisons, on saisira les débris de leur ancien Épiderme. Mais il reste long-temps sur plusieurs autres, comme le *Gleditsia*. Une infinité d'autres, interrogés en temps opportun, proclameront cette grande vérité, que l'Épiderme se renouvelle tous les ans, étant entièrement remplacé tout d'une pièce, du sommet de l'Arbre à sa base, par la couche parenchymateuse, qui est elle-même remplacée par une nouvelle.

DU COLLET.

Si, comme l'un de nous, M. Romain ne regarde pas le Collet comme un Être de Raison, du moins il n'est pas porté à lui donner beaucoup d'importance dans la Végétation, et il se reconnoît sur ce point en opposition avec beaucoup de Cultivateurs qui le regardent comme le centre de la vie dans les Végétaux. Nous ne le suivrons pas dans cette discussion, quoiqu'elle contienne quelques observations importantes.

DES RACINES.

De là l'Auteur passe aux Racines, en disant « que les Branches, » Rameaux et Ramilles des Dicotylédones étant organisés comme » les Tiges, la Description de ces dernières peut leur être appli-» quée. » Il eût mieux valu, selon nous, qu'il eût fait l'inverse, c'est-à-dire commencé par les plus jeunes branches, pour descendre de là jusqu'aux Racines. Il regarde aussi celles-ci comme à-peu-près dans le même cas ; mais leur position leur procure quelques modifications, comme, par exemple, que leur Parenchyme ne peut devenir vert ; surtout qu'elles produisent du chevelu, c'est-à-dire, que leurs dernières ramifications s'isolent, au lieu de se réunir comme dans les Feuilles. Cependant, dit-il, « les » Racines de quelques Plantes vivaces, bisannuelles ou an-» nuelles, diffèrent plus fortement, en se renflant considéra-» blement, comme les Raves, Navets et Carottes. » Nous croyons que l'Auteur se trompe, mais avec le plus grand nombre des Auteurs, en regardant cette partie renflée comme les Racines de ces Plantes : si on observe leur Germination, on verra qu'elles proviennent de la partie qui a porté les Cotylédones à quelque distance du sol où elle étoit enfouie ; que par conséquent elle a monté. Il faut remarquer que dans la Rave et le Navet, c'est le Bois qui se renfle par le moyen des Rayons *médullaires ;* que dans la Carotte, c'est l'Écorce et la Moelle. Cela seul pourroit faire juger que cette partie n'est pas une Racine ; car on s'accorde assez maintenant pour ne pas leur accorder de Moelle. Mais M. Romain n'est pas de cet avis ; il est vrai qu'il convient qu'elle est plus mince que dans les parties aériennes.

Il regarde aussi comme des Racines les Tubercules, comme ceux des Taupinambours et des Pommes de *terre* (C) ; mais on les regarde maintenant comme des Souches enfouies. Il en est de même des Filets courant sous terre ; le rapprochement qu'il en fait lui-même avec les Coulans de Fraisier auroit dû le mettre sur la voie, pour abandonner une erreur trop long-temps adoptée.

DES FEUILLES.

Mais ce n'est que par ses propres observations qu'il est conduit à reconnoître la continuité des Fibres qui, dans la partie extérieure de la Plante, vont se distribuer dans les Feuilles pour en composer les Nervures ; tandis qu'au-dessous du Collet, elles vont en se subdivisant pour former les dernières Racines, qu'à cause de leur ténuité on nomme *chevelues*. Par cette considération, il arrive très-naturellement à parler des Feuilles.

« Ce n'est, suivant lui, que le développement, ou, si on
» l'aime mieux, que l'épanouissement des Filets médullaires à
» leur sortie du Pétiole. Ils en composent les Nervures, et cons-
» tituent un Réseau dont les Mailles sont remplies d'un Paren-
» chyme semblable au Tissu herbacé, et recouvert, comme lui,
» d'un Épiderme. Si la forme des Feuilles dépend un peu de
» l'extension du Parenchyme qui remplit le Réseau, elle tient
» davantage au développement et à la division des Faisceaux
» *médullaires,* dont l'arrangement est fixé pour chaque espèce ;
» ordre qui ne reçoit de modification de la température. »

De cette manière d'envisager la Feuille, il n'a pas de peine à faire voir que sa Forme ou Figure dépend de la distribution des Nervures; mais on est étonné qu'il parle encore de leur Articulation, attestée par leur renflement ou nœuds extérieurs : il en accorde même aux Branches ou rameaux, fondé sur ce que dans quelques espèces, comme la Balsamine, on voit ses parties se disloquer nettement quand elles sont prises par la gelée. Il est cependant certain que si, comme il le dit, et comme tout le prouve, les Fibres sont continues depuis l'extrémité des Feuilles jusqu'à celle des Racines, il ne peut y avoir de véritables articulations, c'est-à-dire, rien de comparable à ce qui se nomme ainsi dans les Animaux.

Nous ne suivrons pas l'Auteur dans les détails dans lesquels il entre sur les différentes parties accessoires de la Feuille, quoique souvent importans comme les Glandes; mais ils sont ici d'un intérêt secondaire : nous reconnoîtrons avec lui que les Stipules, parfaitement analogues aux Feuilles, sont, comme elles, composés intérieurement de Fibres continues, et nous arrivons à ce paragraphe.

« Lorsque les Feuilles ont un, deux et surtout trois mois
» d'existence, on s'aperçoit que le Nombre des Fibres des prin-
» cipales Nervures est augmenté ; il s'en est formé une nouvelle
» couche, qu'on parvient par la Macération à séparer des fais-
» ceaux médullaires ; de manière à avoir deux Réseaux au lieu
» d'un. Il me paroît que cette couche, analogue à celle du
» Bois, est, comme lui, une production secondaire. Elle se pro-
» longe jusqu'à la Tige ou la Branche, dans laquelle elle continue
» jusqu'aux Racines. La Réunion de toutes ces nouvelles Fibres
» constitue la Couche d'Aubier pour la plus grande partie. »

Cette assertion doit paroître une des plus nouvelles qu'ait présentées l'Ouvrage soumis à notre examen. Si elle est vraie, et nous sommes loin d'en douter, c'est donc une découverte ; mais elle étoit préparée depuis long-temps. On sait que Ruisch ayant transporté son habileté et sa dextérité en Anatomie, du Règne animal au végétal, avoit réussi à préparer des squelettes de

Feuilles, qui parurent admirables pour leur délicatesse ; on reconnut bientôt que c'étoit la Nature elle-même qui en faisoit presque tous les frais. Et Séba, dans son Trésor, en fit figurer un assez grand nombre. Depuis, ayant communiqué le procédé qu'il employoit pour les exécuter, à la Société royale de Londres, plusieurs de ses Membres se livrèrent à ce genre d'occupation ; entr'autres, le Docteur Frank Nicholls. Celui-ci fit part à la Société d'une découverte que ses Essais l'avoient mis à même de faire : c'est que le Réseau des Fibres étoit double, et que sur beaucoup de Feuilles on pouvoit facilement le séparer en deux. Il en donna pour preuve une Feuille de Pommier et une de Cerisier, dont les préparations furent gravées, pour accompagner le Mémoire où il consignoit ses Observations à ce sujet. Il parut en 1730, dans le Numéro 414 des Transactions. Depuis ce temps, on s'étoit occupé de ce phénomène, mais comme de presque tous ceux qui composent l'Anatomie végétale, d'une manière isolée, sans penser à la rattacher à l'ensemble de la Végétation. Ce seroit donc M. Romain qui auroit le mérite d'avoir complété cette découverte ; et au fond elle lui appartiendroit en entier, car il y a apparence qu'il n'en connoissoit pas les prémices, et elle découle toute entière de la marche qu'il a suivie.

Mais lui-même s'est empressé de reconnoître qu'il avoit été complètement devancé (D) dans la publication de cette vérité ; c'est dans la Lettre particulière qu'il nous a adressée comme Commissaires ; c'est dans l'Ouvrage de l'un d'eux, qu'il n'a connu que depuis peu de temps.

Nous passerons légèrement sur quelques cas particuliers que présentent les Feuilles, comme, par exemple, s'il faut regarder, à l'imitation de quelques Physiologistes, les productions axillaires des Asperges et des Fragons comme de simples rameaux, ce qu'il résout négativement. La discussion sur ce point mèneroit trop loin. Ce qu'il y a de remarquable dans ce paragraphe, ce sont les inductions qu'en tire l'Auteur pour prouver que toutes les parties des fleurs sont identiques avec les feuilles dans leur origine. Après avoir parlé des Mains et des Vrilles, que

l'Auteur regarde également comme des émanations du Canal médullaire, il arrive au Bouton à Bois, ou Bourgeon, suivant lui.

DU BOURGEON.

« A l'aisselle de chaque Feuille, un filet médullaire plus gros
» qu'aucun de ceux qui ont servi à la formation du Pétiole, pé-
» nètre à travers l'Écorce pour la production d'un Bourgeon.
» Souvent on en aperçoit trois sur le même rang, comme dans
» le Pêcher, ou au-dessus l'un de l'autre, comme dans le Chaume-
» Cerisier.

» Dans beaucoup de Végétaux, les Boutons sortis de l'Écorce
» pour se développer au printemps, sont couverts d'Écailles qui
» ne paroissent formées que de Tissu *cellulaire*, et qui se des-
» sèchent promptement. Quelques Espèces, au contraire, ont
» leurs Boutons cachés sous l'Écorce, qui semble s'allonger au
» moment du développement de ces Boutons. Ces derniers ne
» sont donc remarquables que par une légère proéminence de
» l'Écorce à l'aisselle des Feuilles. On observera que les Boutons
» qui sont couverts d'Écailles quand ils doivent passer l'hiver
» en cet État, sont dénués de cette enveloppe lorsqu'ils poussent
» tout de suite. »

Nous ferons ici les remarques suivantes : d'abord, les trois
Bourgeons du Pêcher proviennent d'un seul, attendu que les
deux latéraux sortent de l'aisselle des deux premières Écailles ;
ainsi c'est un premier développement, ce sont pour l'ordinaire
des Boutons *à fleur ;* 2°. que les Écailles sont certainement
pourvues de Fibres émanées de l'Étui *médullaire* ; mais elles sont
beaucoup moins rameuses que celle des Feuilles ; 3°. que lorsque
les Bourgeons se développent tout de suite en Ramilles, ce qui
est fréquent dans le Pêcher, les Feuilles inférieures sont beaucoup plus petites et souvent dénuées de Dentelure ; 4°. que les
Bourgeons cachés sous l'aisselle des Feuilles sont certainement
extérieurs, à moins qu'ils ne soient cachés par un Étui formé
par la base des Feuilles, comme dans le Platane ; mais que tou-

jours on peut apercevoir les Feuilles qui les composent ; mais elles sont très visibles dans d'autres plantes ligneuses à Bourgeon proéminent, où elles sont complètement nues, comme la Viorne, *Viburnum lantana*, ou couvertes seulement des Stipules, comme dans l'Aune. Il suit de là, que les Écaill s ne sont autre chose que des Feuilles, mais réduites à la partie inférieure du Pétiole.

« Si on examine un Bouton à Écaille à sa sortie de l'Écorce,
» on distingue à peine une ou deux Écailles vertes ; le surplus
» du Bouton ne paroît que du Parenchyme au centre duquel,
» dans quelques espèces, on remarque des Filets très-déliés. Peu
» de jours après, on peut compter plusieurs Écailles, et celles
» extérieures commencent à changer de couleur. A la fin de l'Été
» on y distingue plusieurs Feuilles. Alors on y voit facilement la
» Moelle et les Filets médullaires qui se séparent de l'Étui pour
» entrer dans les Feuilles dont les Nervures sont déjà très-mar-
» quées, et ils font un Angle à leur insertion. Les Feuilles sont
» déjà posées dans les Bourgeons d'un grand nombre de ma-
» nières, toujours recouvertes par les Écailles. Celles-ci sont alors
» sèches et de couleur de feuille morte ; et dans plusieurs Végé-
» taux elles sont couvertes d'une matière visqueuse qu'elles trans-
» sudent, et qui les rend imperméables à l'eau. Si le Bouton est
» placé à la partie inférieure des Branches, et ne doit fournir
» qu'un bouquet de Feuilles, elles y sont toutes formées à cette
» Époque ; mais si le Bouton est destiné à produire une Branche,
» il ne contient que les Feuilles qui garniront la partie inférieure
» de la Branche. »

Nous reconnoissons la vérité de la plupart des Traits par lesquels M. Romain caractérise le Bourgeon, et ils sont de la plus grande importance ; mais nous remarquerons d'abord que cette humeur visqueuse qui recouvre certains Bourgeons, comme ceux du Marronnier d'Inde, manque totalement à d'autres, quoique souvent analogue, comme le *Pavia* ; et comme elles supportent aussi bien les hivers que les autres, ce n'est pas à cette viscosité qu'il faut attribuer la vertu préservatrice contre le froid des Écailles ; opinion généralement adoptée ; mais on ne peut pas dire qu'elle soit tout-à-fait celle de l'Auteur. Ensuite, nous dirons que nous reconnoissons bien avec lui l'apparition successive des parties intérieures du Bourgeon ; qu'ainsi, après avoir vu à l'extérieur se consolider les Écailles, nous avons découvert un certain nombre de Feuilles disposées entr'elles comme elles le seront sur leur branche, c'est-à-dire *alternes* ou *opposées*, et étant déjà parfaitement configurées comme quand elles seront adultes ; mais qu'on les voit bien diminuer progressivement en dimension ; que cependant on peut facilement se convaincre qu'elles échappent plutôt aux sens qu'en réalité, et c'est plutôt la délicatesse de leur Tissu qui s'oppose à la difficulté de les développer, que leur petitesse.

En sorte que nous pensons que tous les Bourgeons possèdent réellement la faculté de se prolonger indéfiniment ; mais que des causes qu'on peut regarder comme accidentelles, quoique se présentant habituellement, les arrêtent au bout d'un certain nombre de Feuilles développées ; les uns par la réduction de ces Feuilles en Écailles, comme dans le Marronnier d'*Inde*, pour former un nouveau Bourgeon ; les autres, par la décurtation subite du sommet, comme dans le Tilleul. La réussite de l'opération la plus essentielle pour la culture des Arbres *fruitiers*, la Taille, en est la preuve ; car, à quel point que vous retranchiez le sommet d'une Branche de l'année précédente, le Bourgeon devenu terminal s'élancera tout de suite en formant une Branche *longue*, tandis que, laissé à lui-même, il n'en eût donné qu'une *courte*. De plus, il y a sur certains Arbres des Bourgeons qui restent *stationnaires*, c'est-à-dire se maintenant toujours à la superficie de l'Écorce, entr'autres le Chêne et le Marronnier d'Inde ; cela, parce que tous les ans, au lieu de Feuilles, ils ne développent que de nouvelles Écailles ; enlevez l'Écorce au-dessus, ils ne tarderont pas à s'élancer en Branches allongées.

Ainsi, suivant M. Romain, le Bourgeon est une émanation directe du précédent Étui *tubulaire*, et dès qu'il est assez avancé por pouvoir être disséqué, on aperçoit que les Filets ou Faisceaux qui composent cet Étui se distribuent d'une manière régulière dans toutes les nouvelles Feuilles. L'Auteur passe de là à l'examen de la Fleur et de la Fructification. Par sa manière de l'envisager, ce n'est en quelque sorte qu'un corollaire du développement de l'Étui médullaire; c'est ce que nous allons faire voir, sans nous appesantir sur les détails. Cependant il y en a plusieurs qui pourroient mériter l'attention; mais l'Auteur lui-même ne les a pas toujours développés à raison de leur importance, ce qui vient probablement de ce qu'il a voulu se borner à un simple abrégé d'un plus grand ouvrage.

C'est ainsi qu'il dit que le Pollen des Anthères est attiré par le Stigmate; parce que celui-ci, dit-il, *comme je l'ai vérifié*, est électrisé négativement, et que les Anthères le sont positivement. En rapprochant ce passage de celui que nous avons cité précédemment au sujet des différences d'électricité présumées des Tubes composant l'Étui médullaire, on verra que l'Auteur a dû faire des Expériences très-délicates sur ce sujet, mais ne les fait pas connaître.

Pour en revenir à la considération des Fleurs en général, on voit que M. Romain regarde le Pédoncule ou le support de la Fleur comme composé intérieurement d'un Étui médullaire semblable à celui des Branches, dont les faisceaux se rendent successivement et par étages dans le Calice, la Corolle, les Étamines, l'Ovaire et les Ovules.

« Il est facile, même à la vue simple, de distinguer les Filets
» médullaires qui s'écartent de l'Étui pour pénétrer dans les Pé-
» tales, lorsque ces derniers sont épais et que le Pédoncule est
» très-gros. Par exemple, si on examine le Pédoncule du Magno-
» lier parasol, à l'époque de la fécondation, on y voit plusieurs
» Filets, trois à trois, qui entourent l'Étui médullaire à une
» très-petite distance, et qui pénètrent dans les Pétales, où l'on
» peut suivre leur marche dans l'onglet avec une simple loupe.
» En pliant un Pétale au-dessus de l'onglet et sur la hauteur, il
» s'y fait une rupture dans laquelle on aperçoit plusieurs trachées.
» Si on coupe plusieurs tranches minces du Pédoncule, on

» distingue, au-dessus des Pétales, comme un second Étui mé-
» dullaire qui enveloppe le principal. C'est la réunion d'un grand
» nombre de Filets, dont un se rend dans chaque Étamine. Plus
» haut, on aperçoit trois Filets qui passent sous chaque Écaille,
» et qui communiquent avec les ovules, qui sont logés, au nombre
» de trois, dans la cavité de ces Écailles. Les Filets continuent
» ainsi à se séparer le long de l'axe du cône. »

La Fleur du *Magnolia fuscata*, la seule que l'un de nous ait eue à sa disposition dans cette saison, lui a permis de vérifier cette Description, et il a reconnu avec l'Auteur que ces Fleurs gigantesques étoient des mieux disposées pour mettre en évidence la distribution des faisceaux des Fibres qui composent ses différentes parties. Il a été obligé de se borner à un simple aperçu; mais il croit en avoir vu assez pour pouvoir démontrer, dans une autre occasion, par les Fleurs seules de ce beau genre, que, comme toutes les autres, ce n'est pas d'un seul Étui médullaire qu'elles proviennent, mais de la génération successive de trois Bourgeons, par conséquent de trois Étuis; le premier donnant Calice, Corolle et Etamine; le second, le Péricarpe; le troisième, l'Ovule.

« Il résulte de ces faits, dont on peut facilement constater
» la vérité dans beaucoup de Végétaux, au moyen de bonnes
» loupes ou de médiocres microscopes, que les Calices ne sont
» pas un simple prolongement de l'Ecorce; que les Corolles ne
» sont pas produites par le Liber; et que les Etamines et le Pistil
» ne tirent pas leur origine du Bois, ainsi qu'on l'a affirmé jus-
» qu'à ce jour » (c'est-à-dire depuis Linné, qui distinguoit l'origine du Pistil en le faisant venir de la Moelle); « mais que
» tous ces Organes sont dus au développement de l'Etui médul-
» laire, qui se ramifie annuellement pour la production de
» toutes les parties des Végétaux, excepté la Couche ligneuse et
» l'Ecorce. »

L'Auteur prend en considération ce qu'on a publié sur la soudure du Calice et de la Corolle, en disant : « L'exemple d'une ou
» deux Fleurs, telles que celles du Mezereon et des Letrugaries

» ne fournit qu'une probabilité pour admettre cette soudure, en
» supposant même qu'on les ait bien examinées. » Cette méfiance est très-bien fondée ; car, depuis, l'un de nous a prouvé
que le Calice des Fleurs d'Abricotiers et autres Fruits à Noyaux
étoit parfaitement conformé, comme ceux des Mezereons,
sauf la différence du nombre des parties, étant évidemment
doubles comme les leurs, et cependant elles ont de plus des Pétales bien prononcés.

Nous sommes encore obligés de passer sous silence un grand
nombre d'observations sur les différentes parties de la Fleur,
pour arriver à cette sorte de Résumé.

« Les grandes difficultés qu'on a éprouvées jusqu'à ce jour
» dans l'examen des Vaisseaux qui constituent l'Etui médullaire,
» et qui pénètrent dans les différens organes des Plantes, n'ont
» pas permis de le prendre en Considération, pas plus que les
» Sucs propres, dans l'Etablissement des Classes, Ordres, Genres
» et Espèces des Végétaux ; il faut espérer que le perfectionne-
» ment des Microscopes et des moyens d'Analyses fourniront
» de nouvelles données qui pourront améliorer les Classifica-
» tions adoptées : en attendant, on peut déjà tirer quelques
» conséquences des découvertes sur l'Etui médullaire. »

Nous sommes parfaitement de l'avis de M. Romain sur l'importance de cet Etui ; mais nous croyons que rien n'est plus facile que de constater les principaux traits qui caractérisent cette
partie, et qui sont tellement prononcés, qu'on pourroit pour
un grand nombre reconnoître sans erreur, par son moyen, le
Végétal dont elle seroit détachée. La simple vue ordinaire et la
dissection des ongles suffisent pour un grand nombre de cas ; mais
une Loupe de six lignes de foyer, un Canif bien affilé, sont les
seuls instrumens nécessaires pour pénétrer dans les Tiges les
plus délicates, pour peu qu'on en ait la volonté ; par eux seuls
on peut exploiter la mine la plus féconde qui se soit présentée
aux désirs des Botanistes.

« En dernier résultat, on obtiendra la Réponse à une ques-
» tion agitée par Boccone, comment l'intérieur de la Plante

» peut-il contribuer à sa forme extérieure? » C'est en ces termes
que l'un de nous annonçoit les avantages de ce genre de Recherches; c'étoit en 1808. Mais c'étoit en vain qu'il avoit signalé
un sujet aussi neuf, personne n'avoit daigné le prendre en considération; mais M. Romain, guidé par ses seules Lumières,
l'avoit rencontré et l'exploroit en silence. Voyons les conséquences qu'il en tire :

   « 1°. C'est l'organe principal des Végétaux, et celui dont la
» composition très-variée y produit les différences qui les dis-
» tinguent.

   » Cet Etui, si petit dans la Plumule, prend des dimensions
» qui augmentent annuellement » (Mais cette Plumule c'est un
Bourgeon; quoique M. Romain ne l'ait pas dit positivement,
nous pensons qu'il le reconnoitroit : or il a dit expressément
qu'on y trouvoit aussi un Etui complet, très-petit, à la vérité.
Les deux sont donc semblables de ce côté; ainsi, ce qu'il va
dire de cette Plumule pourra s'appliquer au Bourgeon ; qu'on
l'isole, il commencera donc un Arbre comme elle : c'est ce
qu'on obtient facilement par la greffe ou les boutures, et son Etui
augmentera annuellement.) « Ainsi, dans les deux, ils se sub-
» divisent à l'infini pour la production des Branches, des Ra-
» cines, Feuilles, Fleurs, etc. , dont ils déterminent la forme.
» Il en résulteroit que si , par la pensée, on enlevoit à un Arbre
» d'un siècle d'existence son Ecorce et sa Couche ligneuse, il ne
» resteroit que l'Etui médullaire, qu'on verroit augmenter en dia-
» mètre et ramifié au point de représenter le squelette de cet
» Arbre jusqu'à ses dernières extrémités , jusqu'à ses Feuilles,
» Fruits, etc. Ainsi, après cent ans, l'Etui médullaire a acquis
» des millions de fois plus de Vaisseaux ou de Fibres qu'il n'en
» avoit sa première année ; et cependant tous ces Vaisseaux
» viennent par anastomose aboutir à l'Etui médullaire, dès la
» première année , pour ne former qu'un tout. Il s'ensuit que
» toutes les Fibres qui composent les Vaisseaux de cet Etui ne se
» prolongent pas d'une extrémité à l'autre des Végétaux, et qu'ils
» ne font que s'anastomoser ensemble : d'où l'on peut conclure

» qu'il y a plus de ces Fibres dans les Branches réunies d'un
» Arbre que dans son Tronc.

» 3°. Cette facilité avec laquelle on change une Étamine,
» un Pistil en Pétale, un Pistil en Branche, un Bouton à
» Bois en Bouton à fleurs, etc., tend à détruire la préexis-
» tence et l'emboîtement des Germes, comme l'existence en
» miniature de toutes les parties d'un grand Végétal dans sa
» Graine. En effet, toutes ces parties étaient déjà formées ; et
» si elles n'avoient besoin que de développement, il devien-
» droit impossible à tout l'art humain de faire les transforma-
» tions dont on a parlé ci-dessus. D'ailleurs, il y a des productions
» secondaires dans les Végétaux. Tel est la Couche ligneuse, qui
» ne peut avoir lieu qu'après que les feuilles seront développées.
» Ces découvertes suffisent pour prouver que si le Germe d'une
» Espèce est le principe de tous les autres, il ne les contenoit
» pas réellement ; et qu'ainsi tous les Germes développés, ou à
» développer dans la suite, n'étoient pas préexistans (1). »

Ainsi, comme on le voit, M. Romain regarde l'Étui *médullaire* d'un Arbre, non-seulement de son axe, mais de tous ses
embranchemens, comme la prolongation directe et nécessaire
de celui qui existoit dans la Plumule ; en cela, il se trouve en
opposition directe à celui de nous qui a dit que l'Étui *médullaire* d'un Arbre, quoiqu'il paroisse former un cylindre continu
du sommet jusqu'à sa base, est composé, comme la Moelle, d'autant de parties qu'il y a de pousses écoulées ; chacune d'elles est
la continuation d'un faisceau ligneux du cône annuel. Ainsi, il
lui rattache donc cette portion du Corps ligneux que M. Romain en détache par la supposition ; mais il est parfaitement
d'accord avec lui sur la distribution de ses faisceaux pour composer les différentes parties extérieures du Végétal ; mais il

---

(1) Ce Paragraphe est copié presque mot à mot des *Observations sur la Physiologie végétale*, que M. Feburier a dirigées contre moi. Cela seul auroit dû
me le faire reconnoître. (*Si mens non læva fuisset.*) Il y en a plusieurs autres,
tous aussi reconnoissables.

s'arrête à la composition de l'enveloppe de la Graine ou du Sac *ovulaire*, regardant la Plantule comme détachée ; tandis que M. Romain la croit composée, dans son origine, par des Filets émanés de l'Etui *médullaire*. Il est aussi de même avis sur cette grande question de l'Emboîtement des Germes, qui se trouve résolue par des Considérations physiques, tandis qu'on ne peut l'établir positivement qu'en se perdant dans les abstractions *métaphysiques*. Le grand nombre de points où ils se trouvent ainsi d'accord, peut faire croire qu'il ne faudroit pas une longue discussion pour les ramener à la même opinion ; ce n'est pas ici le lieu de l'entreprendre.

Après avoir exposé sa manière d'envisager la végétation des Dicotylédones, l'Auteur passe aux Monocotylédones ; mais, comme il le déclare, il se contente de mettre en œuvre les documens qu'il a puisés dans le célèbre Mémoire de M. Desfontaines, en le réduisant aux bornes qui lui paroissent convenir au but qu'il s'est proposé, de composer un ouvrage utile à l'Agriculture ; c'est pour la même cause qu'il laisse de côté les Acotylédones.

Dans une sorte d'appendice, il expose les observations microscopiques qu'il a faites sur le *Chara flexilis* et le *Cautinia fragilis* ; mais il faudroit être plus au courant que nous ne le sommes des travaux de M. Amice (E), dont elles sont la continuation, pour apprécier tout le mérite : du moins, elles auront l'avantage d'attirer l'attention sur cet objet, qui paroît être de la plus haute importance.

« Je terminerai cette Notice, dit M. Romain, en témoignant
» mon admiration pour la simplicité des moyens employés dans
» l'organisation des Végétaux, et dans leurs différences, qui sont
» telles, qu'on en connoît déjà plus 5o,ooo espèces. Les Moteurs
» de la Végétation sont aussi simples, et ils prouvent la puissance
» comme l'intelligence de leur Auteur. »

Ainsi, après avoir décrit les phénomènes qui composent la Végétation comme dépendans les uns des autres, il les rattache à la cause première ; et, comme Gàlien, il dit : En écrivant cet ouvrage, j'ai composé un Hymne à celui qui nous a faits ; mais il n'a exposé que l'organisation ou la formation intérieure qui, suivant lui, est la source de la différence des Plantes; c'est l'Ana·tomie végétale. Il lui resteroit donc à parler des *Moteurs* ou de la Physiologie; il se contente de les déclarer aussi simples que cette structure elle-même. Cela suffit pour prouver qu'il s'en est occupé; et par deux passages que nous avons cités, que l'Electricité y joue un grand Rôle.

Aussi lorsqu'on nous a remis une seconde lettre de l'Auteur, ayant vu qu'elle concernoit l'Electricité, nous avons cru que c'étoit le développement de ses idées sous ce point de vue; mais nous avons trouvé qu'elle appartenoit à la Physique *pure*. Car son but est de réclamer l'honneur d'avoir démontré l'identité de l'Electricité avec le Magnétisme, qu'on attribuoit, à ce qu'il apprenoit, à un Allemand, à un Français, mais dont il ne se rappeloit pas le nom; mais qu'il l'avoit entendu, en 1815, lire à l'Institut un Mémoire sur ce sujet. C'est, à ce qu'il paroît, M. Féburier. Frappé des idée neuves qu'il y avoit saisies, il avoit voulu les approfondir en les soumettant à des Expériences nouvelles, et elles lui avoient très-bien réussi; et il en donne un aperçu. Mais comme elles ne regardoient en rien la Bota-nique, nous nous sommes déclarés incompétens pour les juger. Et sur l'observation que nous avons faite, M. le président nous a adjoint M. Ampert pour en prendre connosisance. Notre ho-norable collègue, après avoir pris connoissance de ce nouvel écrit de M. Romain, nous l'a rendu, en nous disant que si les faits étoient tels que l'Auteur les expose, ils étoient de la plus grande importance; mais que pour les apprécier à leur juste valeur, il faudroit répéter les Expériences annoncées, et que son temps ne lui permettoit pas dans ce moment; que, d'ailleurs, elles étoient trop succinctement décrites pour qu'on pût le tenter.

Ainsi, Messieurs, c'est une sorte de hasard qui vous a révélé l'existence d'un savant qui, dans l'ombre de son Cabinet, s'oc-cupoit à scruter les Mystères de la Nature pour sa propre satis-faction. La Notice de ses travaux sur un point fort important, la Végétation, qu'il vous a communiquée, par la manière dont elle est rédigée, et la quantité d'Observations nouvelles qu'il a ajoutées aux anciennes qu'il connoissoit et dont il a tenu compte, vous pouvez conjecturer qu'il en a recueilli un plus grand nombre, et qui pourroient être utiles aux progrès de la Science : vous devez donc désirer qu'il ne s'en tienne pas à ce premier Essai.

Ici, nous devons regretter que la Physiologie végétale soit exclue du Concours pour le Prix fondé par M. Monthyon ; car, en proclamant la Notice que nous a communiquée M. Romain, comme digne d'entrer dans cette Lice, quoique, vu le nombre et le mérite des Concurrens qui s'y sont élancés, nous ne puissions lui promettre un plein succès, ce seroit au moins une manière de mettre son travail en évidence. Il ne nous reste donc qu'un moyen de lui témoigner le cas que nous en avons fait ; c'est de l'engager à publier l'ouvrage complet, dont il n'est que l'extrait. Tout porte à croire que sa rédaction en est avancée. Mais on voit que l'état d'isolement dans lequel l'Auteur a vécu ne lui a pas toujours permis de se mettre au courant des progrès de la Science ; et, comme il pourroit s'écouler un temps plus ou moins long avant qu'il n'ait pu les classer pendant son travail, nous demandons qu'au moins, pour constater les véritables découvertes qui sont répandues dans cette Notice, elle soit imprimée dans le Recueil des Mémoires des Savans étrangers.

LA BILLARDIÈRE.

DU PETIT-THOUARS, *Rapporteur*.

CONSIDÉRATIONS PARTICULIÈRES

SUR LA

NOTICE D'ANATOMIE VÉGÉTALE (1)

DE M. ROMAIN.

Je viens d'achever la lecture d'un Rapport fait sur un ouvrage d'Anatomie *Végétale*, et il a paru si long, que, contre l'ordinaire, on a cru nécessaire de le partager en deux Séances, et cependant je n'avois pas encore épuisé les points que je voulois vous signaler; car, comme je vous l'ai annoncé, après avoir parlé collectivement avec M. de La Billardière, je croyois nécessaire de vous faire quelques Observations en mon propre nom.

Nous étions chargés de vous faire connoître un Ouvrage remis sur votre Bureau, mais qui n'avoit pas été lu : mon Collègue s'en étant absolument reposé sur moi sur son examen, j'ai agi en conséquence. Comme je l'ai trouvé très-important sous tous les rapports, j'ai cru que je ne devois pas seulement vous transmettre l'opinion que j'en avois conçue ; mais que je devois, de plus, vous donner une Idée de l'Ouvrage lui-même, puisque vous n'aviez pas été à même de l'apprécier.

Par cet Ouvrage seul j'ai jugé que son Auteur, M. Romain, étoit un de ces hommes rares qui cherchent la vérité de *bonne*

---

(1) Ces Considérations devoient être lues à la suite du Rapport ; mais on jugea qu'il y avoit des objets plus importans à faire connoître à l'Académie.

foi, et à ce qu'il paroît dans différentes parties, et pour sa propre satisfaction. Se livrant plus particulièrement à la recherche des causes de la végétation, il a eu d'abord recours aux Auteurs qui l'avoient précédé ; mais, plein de respect pour les Maîtres qu'il s'étoit donnés, ce n'est qu'avec la plus grande réserve qu'il s'est écarté de leurs traces, lorsqu'il a pu soupçonner qu'elles étoient contrariées par la Nature. De là il est arrivé qu'il a, pour ainsi dire, morcelé ses tentatives vers le but où il tendoit.

Il en est résulté que dans la Notice qu'il a présentée il se trouve deux doctrines exposées : l'une n'est, pour ainsi dire, que de tradition ; et l'autre est le fruit de l'observation directe de la Nature.

J'ai donc été appelé à la juger sur ces deux points de vue. Pour le premier, je n'ai eu qu'à reproduire les opinions que j'avois émises précédemment ; et si elles se trouvent contraires à celles de M. Romain, il peut se mettre à l'abri sous les autorités qu'il a suivies.

Quant au second, que le plus grand nombre étoient des Élans isolés en apparence, mais, pris dans leur ensemble, ils sembloient être des Rayons qui tendoient à se réunir vers un seul centre ; le point où je me suis placé pour développer la Physiologie végétale.

Chaque fois que M. Romain est sorti de l'enceinte où il se royoit renfermé, il a jeté les yeux en arrière, et il été effrayé de se trouver seul, et il est revenu sur ses pas.

Au lieu que moi, dès les premiers pas que j'ai faits dans cette carrière, je me suis guidé par un seul fil que le hasard a mis dans ma main, et il m'a conduit, par une Route nouvelle, sur une montagne, d'où j'ai aperçu des pays entièrement inconnus. Regardant en arrière, j'ai vu à revers toutes les tentatives qu'on a faites pour entrer dans cette terre promise que j'avois sous mes pieds ; et j'ai pu les juger.

Mais c'est en vain que depuis seize ans je fais des efforts pour attirer près de moi des Compagnons qui puissent partager l'honneur de découvertes que je n'ai fait encore qu'indiquer ; personne n'a voulu s'en occuper, et, malgré mes efforts, elles restent dans l'obscurité. Peu répandues dans la Capitale , il n'est pas étonnant qu'elles n'aient pas pu se propager plus loin , et elles n'avoient pu pénétrer jusqu'à M. Romain ; cependant il paroît que, dès qu'il entend parler de quelque nouvel ouvrage sur le sujet de ses recherches , il désire de le connoître. C'est ainsi que dans une lettre particulière, qu'il nous a adressée comme Commissaires , il nous dit qu'il a fait des efforts inutiles pour se procurer la lecture du Mémoire de M. du Trochet. Cela ne doit pas paroître étonnant, puisque moi, vivant à Paris, ce n'est qu'au bout de deux ans que j'ai pu y lire de suite l'attaque directe, positive et nominative , contre mes opinions physiologiques.

Ce n'est donc pareillement qu'au hasard que dans son séjour dans la Capitale il a connu mes ouvrages ; et voici comme il s'exprime à ce sujet dans la lettre qu'il nous a adressée : « On » m'a prêté, depuis mon arrivée dans cette ville , les *Essais* de » M. du Petit-Thouars. Il attribue la formation des Fibres aux » Bourgeons ; mais il ajoute que les Feuilles en fournissent » aussi. Il fait d'ailleurs remarquer que les Bourgeons sont » principalement composés de Feuilles. Je suis bien loin de nier » que les Bourgeons produisent des Fibres ; mais, quoique j'aie » répété mes observations sur tous les Végétaux que j'ai pu me » procurer, je n'ai jamais pu apercevoir les Fibres qui sortent » des Bourgeons. Il faut qu'elles soient beaucoup plus fines que » celles qui partent des Feuilles, ou que M. du Petit-Thouars ait » de meilleurs yeux que les miens pour les avoir distinguées. Il y » auroit dans ce cas deux causes de production, qui pourroient » se réduire à une seule, si M. du Petit-Thouars attribuoit la » production des Fibres du Bourgeon aux Feuilles qui y sont » contenues. » J'avouerai que quoique depuis long-temps je connoisse le peu d'effet qu'ont produit mes Idées sur la Végétation, et que je sache très-bien que dans les chuchotemens particuliers on continue à les reléguer parmi les Rêves de l'Imagination, j'étois surpris de n'être pas nommé parmi les Auteurs venus à la connoissance de M. Romain. Cependant, si je re-trouvois quelque ressemblance entre ses Idées et les miennes, j'étois bien loin de l'attribuer à la communication qu'il en au-roit eue. La *bonne foi* qu'il montre en toutes occasions m'en étoit d'abord un sûr garant. De plus, comme il lui arrivoit, pour l'ordinaire, de ne produire qu'une portion des Découvertes que je croyois avoir faites, je devois penser qu'il ne seroit pas resté à moitié chemin, s'il eût connu tout l'ensemble.

Aussi, depuis le moment que son travail m'avoit été remis, je désirois sincèrement qu'il vînt me trouver, non pas pour me solliciter, mais pour causer familièrement avec moi, et je me persuadois qu'une heure ne se seroit pas écoulée entre nous deux, sans que nous ne nous fussions trouvés d'accord. Reste à savoir si j'aurois produit de vive voix plus d'effet que par mes écrits. Ce-pendant, au fond, je ne dois pas être mécontent du Résulta d'une simple lecture, puisque déjà il réduit tout sujet de dis-cussion entre nous deux à un seul point : D'où proviennent les Fibres ligneuses composant le Cercle annuel du tronc d'un Arbre, qui n'émanent pas directement des Feuilles développées ? Et il paroît que, de lui-même, il a fait tout de suite des tentatives pour résoudre cette question ; et s'il n'a pas vu les objets tels que je les ai indiqués, loin de m'accuser d'Erreur, il s'en prend à sa vue ou à ses Microscopes. Je me contenterai de lui dire ici que ma Vue étant *myope*, me permet à la vérité de dis-cerner d'assez petits objets, mais pas à un point extraordinaire ; que quant aux secours de l'Optique, je m'en suis aidé quelques fois ; mais que j'ai pris à tâche d'établir les Bases de ma Phy-siologie *végétale*, de manière à ce qu'elles pussent être suivies par l'œil nu et vérifiées si l'on vouloit, par une simple Loupe grossissant pour mon œil douze fois le diamètre des objets.

Remarquons, ici, que c'est en 1805 que je cherchai à prouver que le Cercle annuel du Bois étoit déterminé par les Bourgeons, et que c'étoit la Réunion de leurs Racines ; en sorte que je croyoit alors qu'il n'y avoit pas une de ces Fibres qui n'en provinssent directement. Ce ne fut que deux ans après que je reconnus, par mes propres Observations, qu'il y en avoit une certaine portion qui étoient déterminées par les Fibres des Feuilles récentes, et qui émanoient de leur disque même. Mais M. Romain nous apprend que ses travaux en Anatomie végétale datent de quinze ans. Il est donc possible qu'alors il eût découvert cette nouvelle production de Fibres, et qu'ainsi il eût été à temps pour m'éclairer sur l'Erreur que je commettois alors. Moi, de mon côté, en échange, j'aurois cherché à le ramener sur ce que je croyois être la vérité. Ce que je n'ai pas été à même d'exécuter dans ce temps, je pourrois l'entreprendre maintenant; et la *franchise* qu'il manifeste dans toutes les occasions, m'est garant que, lors même que je ne parviendrois pas à le convaincre, du moins il ne me sauroit pas mauvais gré de ma tentative. Je m'engagerois donc à démontrer par la première Plante ligneuse qu'on me désigneroit, fût-ce même une Clématite, que tout ce qui compose le Cercle ligneux qui n'émane pas diréctement de la nouvelle Feuille, est déterminé par le nouveau Bourgeon. Il est certain que les Clématites, dont la Structure *intérieure* est encore loin d'être connue, seroient peut-être plus propres pour développer l'enchaînement de la Végétation, que l'Hippocastane ou le Tilleul, dont je me suis servi dans mon second Essai pour poser toutes les bases de ma Doctrine. Mais, du moins, en le comparant avec ce que j'ai écrit alors, on verra que, loin de le contredire, ces Plantes le confirment pleinement. Ainsi par elles je pourrois, en ramenant à leur propre sens les expressions mêmes de M. Romain, les faire servir à prouver que toute la Végétation ne s'opère que par les Feuilles; cela, par l'action que les deux parties primitives qui les composent exercent l'une sur l'autre, le Ligneux et le Parenchymateux; mais c'est en les considérant sous leurs trois états, par rapport au temps : *passées,* ne consistant plus que dans les Fibres qui ont appartenu aux Feuilles, et qui composent le corps de l'Arbre produisant le Cambium; *présentes,* dans celles qui se développent et déterminent la portion signalée par M. Romain; enfin, *futures,* dans celles du Bourgeon.

L'examen que j'ai fait des différentes espèces de Clématite que j'ai eues à ma portée, m'ont conduit à des Résultats qui me paroissent dignes d'occuper l'Académie ; ainsi , je me propose de lui en faire part lorsque le temps me le permettra.

NOUVELLES OBSERVATIONS

SUR CE RAPPORT ,

Dont la Lecture a été commencée dans la Séance de l'Académie, du 21 juin , mais interrompue vers le milieu.

Le 2 février 1824 , il m'a été remis une Notice d'Anatomie *végétale*, déposée sur le bureau de l'Académie des Sciences, pour faire un rapport sur son contenu ; j'étois adjoint pour cela à M. De la Billardière, qui eut l'honnêteté de me déclarer qu'il s'en rapporteroit à mon jugement. J'avouerai que, sur une première lecture, je fus frappé de quelques idées qui sembloient s'écarter de la routine ; notamment je vis que l'Auteur s'étoit affranchi d'une sorte de mode qui règne depuis quelque temps dans l'Anatomie *végétale*, celle de commencer par décrire ce qu'on nomme les Organes *Élémentaires*. Comme je ne sais pas encore ce qu'on doit nommer Organes dans les Végétaux, et qu'il est constant que dans aucune branche d'Histoire naturelle on ne peut se flatter d'avoir reconnu ses véritables Élémens, je trouvois que c'étoit déjà une Amélioration de prendre pour point de départ une base plus solide et hors de toute contestation. Je m'aperçus que dans plusieurs autres occasions il avoit su se tirer des ornières, et qu'ainsi il présentoit des idées nouvelles, du moins pour le plus grand nombre des lecteurs. J'y trouvai donc assez de nouveauté pour regarder comme extraordinaire qu'elles vinssent d'un homme qui n'étoit connu de personne, quoiqu'il

se fondât sur une expérience acquise par vingt années d'observation : cela me conduisit à penser que ce nom de Romain étoit
supposé ; je m'en expliquai avec plusieurs personnes. Mon collègue étoit de mon avis ; d'après cela, il pensoit qu'il n'étoit pas
de la dignité de l'Académie de s'occuper d'un ouvrage qui pouvoit laisser quelque chose de louche sur son origine. Je com-
battis cette idée en alléguant qu'un ouvrage doit être considéré
indépendamment de son Auteur. Il est certain que tous les Mémoires envoyés aux concours pour les prix sont dans ce cas, et
il est hors de doute que, si cette Notice eût conservé la sorte
d'isolement où elle étoit lors de son dépôt sur le Bureau de l'Académie, il ne fût pas résulté le moindre inconvénient de son
examen.

Dans ce cas mon Rapport eût été de beaucoup plus court ;
car j'aurois pu me borner à dire, que dans une grande partie de
son travail il avoit suivi strictement les traces des Auteurs, qui
avoient fondé la Science telle qu'elle est adoptée généralement ;
qu'ainsi, partageant leurs opinions, il se trouvoit qu'il avoit exposé un certain nombre de Vérités, mais mêlées à des Erreurs.
Quant aux points où il s'écartoit des Doctrines reçues, j'aurois
dit qu'il s'y trouvoit pareillement quelques Vérités, mais déjà
publiées par d'autres, et des Erreurs qui lui appartenoient. On
voit clairement que dans cette supposition les Éloges eussent été
très-modérés.

Mais quelques renseignemens parviennent successivement sur
cet Être mystérieux, entre autres la déclaration qu'il me fait,
qu'il n'a lu mes *Essais* que depuis peu de temps. Alors, comp-
tant sur sa *franchise*, je juge donc que c'est par ses seules observations qu'il a découvert les vérités nouvelles que j'avois re-
marquées dans sa Notice. C'étoit donc une confirmation de ce
que j'avois publié depuis long-temps, car toutes se trouvoient
exprimées clairement et positivement dans mes Essais publiés en
1809. De plus, j'ai cru voir dans sa Lettre le désir sincère de
reconnoître la vérité pour peu qu'on la lui montrât. (On verra ,
dans le morceau suivant, jusqu'à quel point je m'étois fait illu-

sion sur le sens des expressions de M. Romain.) Tous ces documens, que j'avois recueillis comme par hasard, me dispo-
soient à la Bienveillance ; elle a donc prévalu dans la Rédaction
de mon Rapport. Dès qu'il a été terminé, je l'ai communiqué à
M. De la Billardière, qui l'a adopté pleinement, sauf quelques
légères remarques sur la rédaction. Nous n'avons eu de véritable
discussion que sur un seul point, qu'il a fini par m'abandonner ;
on va le connoître plus bas. J'ai donc penché vers l'indulgence
dans ce Rapport ; mais qu'on le lise avec attention, on verra que
j'ai relevé avec sincérité tout ce qui m'a paru être défectueux.
Ainsi j'ai dénoncé tout ce que je croyois erroné en Anatomie
végétale, c'est-à-dire que je l'ai déclaré contraire à ma propre
opinion. De plus, j'ai signalé des défauts d'Ordre, notamment
lorsque l'Auteur passe *ex abrupto* de la Tige à la Moelle. Cela
ne m'a pas empêché de demander qu'on lui accordât les plus
grands honneurs que l'Académie puisse décerner aux ouvrages
qui lui sont présentés, celui d'être jugé digne d'entrer dans le
Recueil des Mémoires des Savans étrangers. C'est à ce sujet
qu'est survenue la discussion entre mon collègue et moi ; comme
il n'y mettoit pas une grande importance, j'ai profité de la li-
berté qu'il m'a laissée. J'ai dit positivement que c'étoit pour
donner à l'Auteur l'occasion de faire connoître les vérités nouvelles qu'il avoit répandues dans sa Notice, en attendant qu'il fît
paroître l'ouvrage dont il n'étoit que l'extrait ; mais je faisois
entendre que cela pourroit être assez long, parce que l'état
d'isolement où il avoit vécu ne lui avoit pas toujours permis de
se mettre au courant des progrès de la Science, et que je regar-
dois comme indispensable qu'il le perfectionnât de ce côté.
C'étoit lui demander, entre autres, qu'il prît en considération
ce que j'avois écrit sur ce sujet, non pas pour l'admettre sans
examen, mais au moins pour reconnoître son existence.

D'après les dispositions que m'avoit montrées M. Romain dans
sa Lettre, je m'attendois donc à trouver en lui un Néophyte disposé à admettre presque sans contestation toute ma Doctrine,
puisqu'il me paroissoit que sur presque tous les points il avoit

fait la moitié du chemin. Aussi, depuis le 19 avril que j'avois lu ce Rapport à l'Académie, je m'attendois à recevoir directement des nouvelles de lui; mais je ne savois de quel point de la France elles partiroient; seulement, par une autre de ses confidences, j'avois appris qu'il comptoit sur l'exactitude de son correspondant à Paris, et il avoit indiqué M. Le Joyant. Comme j'avois eu occasion de connoître cet homme estimable sous tous les rapports, notamment à l'occasion de sa Notice biographique sur Adanson, j'avois espéré que par son moyen je découvrirois enfin à qui j'avois affaire; mais toutes mes recherches ont été inutiles pour le découvrir. Cependant tout-à-coup le masque tombe, et à travers les lambeaux du voile dont il s'étoit enveloppé, je reconnois l'adversaire le plus acharné que j'aie encore rencontré; qui, non content d'attaquer mes opinions physiologiques, a fini par emprunter le style des Scioppius et des Scaliger pour répandre un Libelle contre moi. J'ai donc vu que tous les points sur lesquels il paroissoit que M. Romain se rapprochoit de moi, n'étoient que des postes avancés où M. C. Romain Feburier s'étoit cramponné pour pouvoir me combattre de plus près. Recourant à ses précédens écrits contre moi, j'ai reconnu qu'il maintenoit toujours à mon égard les mêmes dispositions hostiles. Cependant dans mon Rapport j'ai prêté à M. Romain une opinion que M. Feburier n'adopte vraisemblablement pas : c'est que la Moelle, une fois formée, ne peut plus diminuer en diamètre. Il est certain que ce n'est que de son silence sur ce point que je l'ai conclue, croyant que cela étoit si évident, que lorsqu'on n'en parloit pas, c'est qu'on l'admettoit. Je n'attends pas de réclamation pour déclarer que je me suis abusé sur ce point; car je ne vois plus, dans cette réticence, qu'un des Artifices employés par le Pseudonyme (1) pour mieux se déguiser. Il est certain qu'avec

----

(1) Peut-être que M. Feburier réclamera contre cette qualification, en disant que c'est un de ses noms de Baptême; mais comme il ne l'a employé que parce qu'il se doutoit bien qu'il n'étoit pas connu, c'est un déguisement pour cacher son vrai nom.

quelque réserve qu'il eût touché à cet objet, on eût pu se ressouvenir de la chaleur ou de l'âpreté avec laquelle il a maintenu l'opinion contraire. C'est un sacrifice qu'il a fait pour assurer l'exécution de son projet, et sûrement ce n'est pas sans regret qu'il s'y est déterminé. Hé mon Dieu! quand j'y songe, qu'il étoit facile à reconnoître sous l'accoutrement dont il s'étoit enveloppé! On voit que, dès les premiers momens que j'ai eu son Mémoire entre les mains, son Nom s'étoit présenté à mon esprit; il y étoit venu, surtout, en lisant l'Appendice qu'il avoit envoyé pour revendiquer des Découvertes merveilleuses en Electricité, qu'il attribuoit à un homme du nom duquel il ne pouvoit plus se ressouvenir. Ce n'est point cette grosse finesse qui m'avoit dérouté; mais, comme je l'ai dit à quelques personnes qui me l'indiquoient, c'est que j'avois trouvé une sorte d'Ordre dans l'ensemble de la Notice, et de la précision dans sa rédaction; tandis que dans tout ce que je connoissois de lui, je n'avois vu que le contraire, désordre et diffusion. Rien n'étoit donc plus facile que de percer ce Mystère. Alors on conçoit aisément quel beau jeu j'aurois eu, si j'y fusse parvenu, surtout si j'eusse gardé pour moi seul jusqu'au bout cette Découverte! Tandis qu'avec ses affidés il se seroit diverti de la prétendue Mystification qu'il avoit ourdie, j'aurois songé au persiflage qui seroit venu si naturellement égayer mon Rapport. Si le jour où je l'aurois lu, je l'eusse aperçu dans la salle venant y jouir de son *incognito*, je me serois bien gardé de le trahir; ce n'eût été qu'à la fin de la lecture que les yeux se seroient tournés vers lui, lorsque je l'aurois nommé. Ainsi, après avoir donné des louanges à quelques conceptions de M. Romain, j'aurois fini par l'accuser de plagiat, en faisant voir la conformité non-seulement de ses Idées, mais même de ses Expressions, avec un M. Feburier; ensuite je les aurois revendiquées pour moi-même, en prouvant que je les avois publiées avant qu'il se fût fait connoître comme Physiologiste.

Le Rapport eût donc été différent pour M. Féburier qu'il l'a été pour M. Romain. Mais, dira-t-on, c'est juger les Personnes et non pas l'Ouvrage. Je répondrai à cela, que les fausses notions qu'on m'a fait parvenir m'ont fait voir dans l'un une tendance vers la Vérité, tandis que dans l'autre j'ai reconnu la persévérance dans l'Erreur. Mais qu'est-il résulté de l'emploi de tous ces subterfuges? beaucoup de désagrément pour moi : mais pour M. Feburier? un Rapport favorable, mais on va voir par une de ses Lettres, que j'insère ici, jusqu'à .quel point il le trouve tel.

Versailles, 8 juin 1824.

LETTRE

A

MM. DE LA BILLARDIÈRE ET DU PETIT-THOUARS,

Membres de l'Académie des Sciences.

MESSIEURS,

Le jour que je fus vous remercier de votre complaisance dans la rédaction du Rapport que vous avez rédigé sur ma Notice relative à l'Anatomie végétale, je ne crus pas devoir vous faire d'observations sur ce Rapport, dans lequel votre indulgence, autant et peut-être plus que la justice, vous a déterminés à donner à l'auteur des éloges que je ne crois pas avoir toujours mérités. Je veux parler du style, qui n'a pas, dans quelques parties, la clarté que vous voulez bien lui accorder, puisqu'il vous a induit quelquefois en erreur sur mes intentions, à moins que, préoccupés par des objets plus importans, les erreurs de ce genre ne soient que l'effet d'une distraction. En voici des exemples :

Ier. CHAPITRE, *Aubier et Bois.* J'y parle du développement comme de la formation de la couche ligneuse que j'attribue en grande partie aux feuilles, dont on voit sortir les faisceaux ligneux pour se prolonger dans la tige le long de l'écorce, et en se rapprochant insensiblement de l'étui médullaire par leur augmentation en épaisseur. Je cite pour exemple *la Clématite des haies.* M. Dutrochet, au contraire, fait produire les faisceaux ligneux par les rayons médullaires, et il les fait paroître du côté de l'étui médullaire, d'où ils s'étendent peu à peu jusqu'à l'écorce. Il donne à ces faisceaux, dans le commencement de leur apparition, une forme très-différente de celle que je leur attribue.

Cependant on lit dans le Rapport : « Les figures de » M. Dutrochet peuvent très-bien convenir aux ex- » plications de l'auteur, en sorte qu'on peut présumer » qu'il y auroit entre eux plutôt une dispute de mots » qu'une dispute de faits. » Cette assertion est détruite par la comparaison des deux figures ci-jointes.

Réponse. J'ai trouvé très-singulière la manière dont M. Romain faisoit intervenir M. Dutrochet dans son affaire ; d'abord il disoit, dans une sorte d'avant-propos, qu'il n'avoit présenté sa Notice à l'Académie que parce qu'on lui avoit dit que quelqu'un, dont il ne savoit pas le nom ou qu'il avoit oublié, avoit remporté un prix de Physiologie végétale, fondé par M. Montyon à l'Académie des Sciences, et que dans le Mémoire couronné il se servoit de la Clématite pour soutenir des opinions contraires aux siennes. Ensuite, dans la Lettre qu'il nous a écrite et que j'ai citée, il s'exprime à ce sujet en ces termes :

« J'ai pu me procurer, pendant mon séjour à Paris, le Mé-
» moire qui a donné lieu à ma Notice ; il est d'un savant, nommé
» M. *Du Tochet*, et a eu, il y a trois ou quatre ans, le prix
» d'Anatomie ou de Physiologie végétale à l'Académie. Si on ne
» m'a pas trompé, il attribue la formation de la Couche ligneuse
» aux Rayons médullaires qui se divisent pour produire les Fibres,
» lesquelles se séparent à leur tour pour former des Rayons
» médullaires.

» Si mes yeux et mes instrumens ne m'ont pas trompé, lorsque
» je m'occupois, il y a quinze ans, plus particulièrement d'Ana-
» tomie végétale, *ce savant s'est plus servi de son imagination*
» *que de ses observations pour établir de pareils faits*. Comme
» la Clématite *bleue* et *odorante* sont communes dans cette
» ville, une bonne Loupe vous suffira pour vous assurer que
» les détails que j'ai donnés sur cette plante grimpante sont très-
» exacts. Il est probablement possible de faire maintenant cette
» vérification, si ces plantes ont continué à s'allonger jusqu'à
» l'automne dernier, comme elles ont fait dans mon *départe-*
» *ment*, et une bonne Loupe pour constater les faits. »

J'avouerai que j'ai été très-surpris de voir une attaque positive fondée sur un ouï-dire, et dans mon Rapport je relevois la
phrase que j'ai soulignée, comme très-inconvenante ; mais, par
suite de l'indulgence où je m'étois laissé aller pour M. Romain,
j'ai effacé la critique que j'en faisois. C'est par suite de la même
cause qu'après avoir dit : *nous avouons que nous n'avons pas*
bien saisi la manière dont l'Auteur a cherché à expliquer sa
formation, j'ai ajouté, *jusqu'à ce qu'il ait cité un exemple*.
Le fait est que je n'ai pas plus compris l'explication que donnoit
le nouveau venu, du développement de la Clématite, que celle
de celui qu'il combattoit ; mais du moins, dans ce dernier,
des figures qui m'avoient paru assez correctes pouvoient donner
une idée de la Nature. C'est donc pour cela que je les ai citées.
Actuellement M. Feburier, par le moyen de deux Esquisses
qu'il a jointes à sa Lettre, veut prouver que j'ai eu tort de les
juger si favorablement. Quand je reproduirois ici ces figures,

elles ne pourroient servir à éclaircir la question ; car celle de
M. Dutrochet est trop dénaturée, non pas par la rudesse d'un
trait fait à la hâte, mais par l'omission de plusieurs traits importans, elle ne peut être prise en considération. C'est donc dans
l'intérêt de M. Romain que, par la tournure dont je me suis
servi, j'ai, pour ainsi dire, renvoyé ces faits *à un plus ample
informé*. Au surplus, j'ai l'obligation à ces deux Auteurs d'avoir
fait une étude plus particulière des Clématites, elle m'a procuré une ample moisson d'observations importantes, qui toutes
confirment les principes que l'un et l'autre se sont avisés de
combattre sans en avoir pris connoissance. J'ai donc trouvé que
c'étoit au moins avec beaucoup de légèreté que M. Romain
attaquoit M. Dutrochet, attendu qu'il le connoissoit si peu
qu'il en estropioit le nom ; mais ce reproche ne doit pas regarder
M. Feburier, puisque, dans la visite qu'il m'a faite, il me dit qu'il
avoit lu dans les *Annales du Musée* la première partie de son
Mémoire, mais à la hâte. D'après cela, il est certain que ce
n'étoit pas sur un simple ouï-dire qu'il l'attaquoit. Il faut noter
ici que c'est lui-même qui m'a fait remarquer la faute d'ortho-
graphe qui se trouvoit dans le nom de son adversaire.

IIᵉ. Chapitre, *Écorce.* Vous y avancez que « c'est à
» ces couches de Liber que l'auteur attribue *la pro-
» duction des sucs propres* si abondans dans quelques
» écorces. » Je n'ai jamais avancé un pareil fait. J'ai
dit, au contraire, que la première élaboration de la
sève, pour être convertie en sucs propres, avoit lieu
dans les feuilles.

Réponse. J'ai vu que l'Auteur plaçoit le dépôt des sucs propres si abondans dans l'Écorce, dans le Liber, car il dit expressément : « ces fibres composent plus ou moins de vaisseaux, suivant
» les Espèces ; on distingue les principaux par la dénomination de
» *vaisseaux propres,* parce qu'ils sont remplis de sucs qui ont

» reçu une première élaboration dans les feuilles. » Je lui ai opposé ma propre opinion, qui les place dans le Parenchyme ; si
ce n'est pas là son idée, je l'ai mal interprétée, j'ai eu tort de la
lui attribuer.

Mais dans la note il traite une autre question, c'est celle de
la formation de ce Suc *propre*. Il l'attribue à la feuille, comme
Balancement de ses deux sèves ; pour moi qui ne m'élance pas
si haut, je crois que chaque partie d'un Végétal travaille pour
son propre compte. Ainsi, dans tous les cas, je regarde le Suc
propre comme une Sécrétion produite par un assemblage de
Parenchyme. Il s'en trouve dans la Moelle ; témoin ces Filets
colorés qui se trouvent dans celle du Sureau. Il est plus abon-
dant et plus facile à observer dans la couche *parenchymateuse* de
l'Écorce ; mais il s'en trouve également dans le Parenchyme des
Fleurs, des Fruits, enfin des Feuilles. Dans tous ces cas, il est
produit immédiatement par les parties environnantes, et je le
regarde comme une de leur Sécrétion.

IIIe. Chapitre, *Racines*. J'ai dit : D'autres espèces
produisent, *indépendamment des Racines*, des filets
garnis ou terminés par des tubercules, etc. Quelques-
unes ont des filets sans tubercules ; mais il en sort un
ou plusieurs germes, etc. J'ai donc distingué les filets
et les tubercules des Racines. Cependant, vous déclarez
que je les regarde comme des Racines. C'est le contraire de ce que j'ai voulu dire.

Réponse. Je venois de déclarer que M. Romain étoit dans
l'Erreur en regardant les Carottes, les Navets et Raves comme
des Racines ; c'est-à-dire qu'en professant l'opinion générale,
il étoit en opposition avec la mienne, puisque je les regar-
dois comme de véritables Tiges étant le produit d'une marche
ascendante. Je ne sais par quelle inadvertance j'ai cru voir que
de même il maintenoit encore cette opinion générale au sujet

des tubercules, comme Pommes de terre et Topinambours, en les regardant comme des Racines. Actuellement je le félicite de ce qu'il est du même avis que moi sur ce point, parce que c'est la vérité.

IVᵉ. Chapitre, *Feuilles*, à la fin. J'y ai avancé que par suite de la végétation, il y avoit une augmentation de fibres dans les nervures des Feuilles développées ; que ces fibres y formoient un double réseau, et se prolongeoient dans le pétiole, d'où elles parvenoient dans la branche ou la tige, dont elles augmentoient la couche ligneuse.

Après m'avoir accordé l'honneur de cette découverte, vous ajoutez, Messieurs : « Mais lui - même » (l'auteur) s'est empressé de reconnaître qu'il avoit » été complètement devancé dans la publication de » cette vérité. C'est dans la lettre particulière qu'il » nous a adressée comme commissaires. »

Veuillez, Messieurs, relire cette lettre du 8 février, et vous n'y trouverez rien qui ait rapport à cette reconnoissance prétendue de ma part. Je n'y ai parlé ni du double réseau, ni de la prolongation des fibres de ce double réseau dans le pétiole, et puis dans la branche ou la tige. Cette idée ne pouvoit même me venir dans la tête, puisque dans mes discussions avec M. Du Petit-Thouars, particulièrement à la Société royale et centrale d'Agriculture, M. Du Petit-Thouars avoit continué à soutenir, comme dans ses Essais, que la production des fibres étoit due aux Bourgeons, pour établir leur communication, d'une part, avec l'atmosphère, et de l'autre, avec la terre ; que chacune des fibres étoit le produit de deux actions opposées qui partoient du point où se *formoit le Bourgeon*, ou l'aisselle d'une feuille, l'une descendante ou négative, l'autre montante et positive, et que la production des fibres étoit déterminée six semaines au plus tard après que le Bourgeon avoit commencé à se développer.

Je disois, au contraire, que la formation des fibres avoit pour cause les Feuilles qui élaboroient la sève fournie par les Racines, qui en attiroient de l'atmosphère, ce qui donnoit lieu à la production du cambium et par suite des fibres, et que, tant que les Feuilles agissoient ainsi, la production des fibres continuoit, et qu'elle pourroit durer jusqu'à la fin de septembre. C'est ce que j'essayai de prouver en effeuillant des arbres, en enlevant à d'autres tous leurs Bourgeons ou boutons, et en détachant de trois côtés des plaques d'écorce, au mois d'août, pour les envelopper d'une feuille d'étain laminé et les faire rentrer ainsi dans leur place. Il en résultoit évidemment que je ne pouvois penser à attribuer le double réseau et la prolongation de ses fibres dans le pétiole et les branches, à M. Du Petit-Thouars, puisque j'établissois la formation de ce double réseau précisément à l'époque et après l'époque fixée par ce savant pour la cessation de la production des fibres.

Il est vrai que M. Du Petit-Thouars avoit, dans ses derniers Essais, reconnu que les Feuilles pouvaient fournir quelques fibres, et que je n'avois pas nié que les Bourgeons ne pussent également en produire en raison directe et composée de leur surface et de leur clôture dans le Bourgeon.

Mais ces productions étoient pour nous d'une foible importance pour la masse du tissu ligneux que ce savant faisoit produire aux Bourgeons et que j'attribuois au travail des Feuilles. Lorsque j'ai appris que M. Du Petit-Thouars étoit un de mes commissaires et chargé du Rapport, j'ai cru devoir rappeler cette double concession dans ma lettre, pour éviter, s'il étoit possible, une discussion sur la cause de la production des fibres, et non pour reconnoître un fait que je n'avois pu supposer.

Réponse. Ici se trouve l'affaire importante de M. Romain Feburier; jusqu'à présent il n'a parlé que de quelques accessoires : voici le point capital pour lui. Non content de me faire rétracter une Erreur que j'aurais commise à son égard, il voudroit faire revivre une Discussion sur le fond de l'affaire; mais je me contenterai de dire ici ce qui sera nécessaire pour faire juger de la justesse de sa Réclamation.

Par une sorte de courtoisie, j'ai dit qu'il eût été possible que M. Romain se fût trouvé à même de m'apprendre qu'il y avoit des Fibres *ligneuses* partant du disque des Feuilles, et qui concouroient à l'augmentation en diamètre des Arbres. Mais le fait est que je ne pouvois rien devoir à cet Auteur, puisque ce n'étoit que le 2 février 1824 qu'il étoit venu à ma connoissance. Mais en est-il de même de M. C. R. Feburier? Pour moi, son existence en physiologie végétale ne date que du 7 juillet 1811, c'est-à-dire de la lecture qu'il fit à l'Académie de son *Essai sur les deux sèves ;* or, la publication de mes Essais a eu lieu en 1809, c'est-à-dire de leur ensemble, car les deux premiers datent de 1805 ; ce que constate leur insertion dans le *Journal de Physique ,* et là se trouve le fond de toute ma Doctrine : je n'ai fait que l'étendre dans les Mémoires subséquens; mais tous sont imprimés textuellement, tels que je les ai lus aux différentes séances de l'Institut. Aussi leur date est-elle certaine, excepté les deux derniers, qui n'ont pas été lus, et qui sont le résumé des dix premiers : alors j'y ai inséré les Découvertes nouvelles que j'avois faites depuis la Composition des précédens; mais ils sont au moins de 1809. Il est clair que c'est de la Nature seule que j'ai appris l'existence de ces Fibres.

C'est en examinant directement la formation de ces Feuilles que j'ai constaté cette Existence. Ayant reconnu que, dans le principe, tout le Réseau des nouvelles Feuilles n'étoit composé que de Trachées *spirales*, j'ai trouvé que six semaines après environ, c'est-à-dire le moment où dans l'Hippocastane et le Tilleul la pousse étoit irrévocablement arrêtée pour l'année, ces Trachées se trouvoient entièrement recouvertes par de simples Fibres *ligneuses*; en sorte que ce n'étoit pas seulement deux couches distinctes de Fibres qui se trouvoient dans l'épaisseur de la Feuille, mais bien trois. J'ai suivi la marche descendante de ces Fibres, et je les ai vues se mêler dans le nouveau corps ligneux avec celles qui venoient directement des Bourgeons.

Lisant donc avec toute simplicité cette lettre, je n'y ai trouvé que la déclaration positive que faisoit M. Romain, que j'avois publié avant lui l'existence de ces fibres; de plus, qu'il ne demandoit pas mieux que d'examiner avec moi les points où nous pouvions différer. Cependant, quand j'y ai réfléchi, j'ai trouvé fort étrange qu'un Homme qui paroissoit si bien disposé pour admettre la vérité, ne me fît d'observation que sur un seul point jeté vers la fin de l'ouvrage, tandis que dès le commencement il en eût pu remarquer d'autres beaucoup plus importans, puisqu'ils constatoient que je l'avois devancé sur la manifestation des vérités qu'il avoit pu croire nouvelles, et que, dans le fait, il auroit pu trouver par lui-même.

Veuillez bien relire ma lettre du 8 février. Je n'avois pas besoin de cette recommandation pour la relire. Il est certain que par le complément de sa signature elle a pris un autre sens que celui que je lui avois donné. Cependant dans ces paroles (il attribue la formation des Sions aux Bourgeons ; *mais il ajoute que les Feuilles en fournissent aussi*) , je n'ai pu voir autre chose que la Citation de la page 210 de mes Essais, où je parle pour la première fois de la formation de ces Fibres secondaires. Quant au reste, j'y ai reconnu une sorte de persiflage.

V°. Dans l'avant-dernier paragraphe de ma Notice, j'ai dit : *Le professeur Amici a vérifié*, etc. Vous vous exprimez cependant ainsi : « Dans une sorte d'appen- » dice, il (l'auteur du Mémoire) expose les observa- » tions microscopiques *qu'il a faites*, etc. » Il est évident que je ne me suis nullement attribué cette vérification.

Réponse. Cette Réclamation est très-juste , et je reconnois que je me suis trompé ; de plus, je conviens qu'elle fait honneur à M. Feburier.

Si votre Rapport n'avoit pas d'autres suites, je garderois le silence ; car, quoique je voye avec peine les erreurs de fait qui s'y trouvent, je ne voudrois pas abuser de votre complaisance pour les corriger ; mais il est possible que ce Rapport soit imprimé, et il est certain que M. le secrétaire perpétuel s'en servira , et non du Mémoire, pour son analyse des travaux de l'Académie des Sciences, et qu'il pourra répéter quelques-unes des assertions que je viens de vous signaler. Cette certitude est fondée sur une lettre de M. Cuvier.

Je vous prie en conséquence, Messieurs, pour éviter cette répétition, de vouloir bien faire les corrections nécessaires à ces cinq articles de votre Rapport.

Il y a ici de l'aigre doux ; on ne veut pas abuser de ma complaisance pour me faire corriger les cinq erreurs de fait que j'ai commises ; mais c'est un devoir que je me serois empressé de remplir dès l'instant que j'aurois pu soupçonner l'existence de ces inexactitudes-là.

Si j'eusse eu affaire à un homme qui eût marché droit son chemin, je n'aurois pas été dans le cas qu'il me fît des reproches à ce sujet ; car il est dans mes principes de croire qu'il ne peut y avoir de Rapport utile que lorsqu'on a pu par des Conférences avec l'auteur s'assurer qu'on a bien saisi le sens de ses expressions. Ainsi, comme je l'ai dit, je souhaitois vivement de voir arriver chez moi M. Romain, et je n'aurois pas manqué de lui dire franchement tout ce que je pensois de son ouvrage. Je l'aurois donc mis à même de me redresser toutes les fois que je me serois trompé sur le sens de ses paroles. Tout m'annonçoit que je trouverois en lui un ami de la vérité ; mais tout espoir de discussion conciliatrice se seroit dissipée en apercevant à sa place celui qui seize ans auparavant étoit venu avec l'apparence de la cordialité me proposer *modestement* ses *doutes* sur mes principes de Physiologie végétale ; le croyant de bonne foi, je m'empressai d'y répondre. De ma *complaisance* il est résulté que depuis ce temps il n'a cessé de me provoquer, et qu'enfin il a fini par publier contre moi le Libelle dont il va encore avoir l'impudence de reparler, ce qui me force de publier un extrait de réponse.

Les erreurs échappées à M. le commissaire-rapporteur m'ont fait voir que j'avois eu un tort réel avec lui dans mon écrit imprimé en 1821, et intitulé : *Observations sur la Physiologie végétale et sur le Système physiologique de M. Du Petit-Thouars.* Je l'y ai accusé de m'avoir, à plusieurs reprises, fait dire ce que je n'avois pas dit, etc., pour pouvoir me combattre avec avantage. Mais comme il est constant que ce savant a voulu traiter M. Romain avec bienveillance dans son Rapport, et que cependant on y trouve des erreurs de fait, telles que quelques-unes de celles dont je me suis plaint, il est clair que ce n'est pas à ses intentions que j'aurois dû m'en prendre.

J'ai l'honneur d'être avec respect, etc.

Signé Feburier.

Voilà donc un sentiment de repentir; mais c'est parce que, fondé sur les erreurs qu'il vient de relever dans mon Rapport, et qu'on ne peut soupçonner d'avoir été faites à dessein de nuire à quelqu'un que je ne connoissois pas, il présume qu'il peut en être de même de celles qu'il a relevées si durement.

Mais il annonce toujours que ces erreurs ont été commises; c'est ce qu'il exprime positivement en terminant ses Observations. Il est certain que c'est avec une sorte de fondement que M. Feburier a demandé le redressement de quelques-uns des passages qu'il vient de citer de mon Rapport. Ce n'est pas une raison pour croire qu'il en soit de même pour les autres.

Mais avant d'en venir à leur examen, je vais mettre à même de juger jusqu'à quel point il a été satisfait de la manière dont il a été traité sous l'incognito. C'est en citant quelques passages de l'avertissement qu'il a mis en tête de son Mémoire qu'il a fait imprimer.

Extrait de l'Avant-Propos d'un Précis d'Anatomie Végétale, soumis à l'examen de l'Académie des Sciences, de l'Institut de France, et à celui de la Société d'Agriculture et des Arts, du département de Seine-et-Oise, qui en ont arrêté l'impression.

Entré dans la carrière après les Duhamel, les Rosier, les Thouin, j'ai suivi leur exemple, et l'Académie des Sciences avoit daigné encourager mes travaux en 1811, en arrêtant l'impression de mon travail sur la Physiologie végétale. Je continuois mes recherches sur cette partie et sur l'Anatomie, lorsqu'en 1815 l'invasion des Alliés détruisit tous mes moyens et me força de les suspendre. J'attendois que les circonstances devinssent plus favorables pour moi et me missent en état de le reprendre, lorsque des Cultivateurs m'ont tellement pressé de leur donner le résumé de mes Notes sur l'Anatomie végétale, que j'ai rédigé ce Précis.

Il suit de là que c'est là tout l'ouvrage que nous avons à attendre de M. Feburier; cependant il l'avoit annoncé comme n'étant que l'Extrait d'un Traité complet sur ce sujet. C'est encore une fausse donnée, qui a nécessairement influé sur le jugement qui en a été porté; car on a dû être plus porté à l'indulgence pour la simple annonce d'un ouvrage que pour cet ouvrage lui-même, puisque l'auteur pouvoit profiter, pour la publication de celui-ci, des conseils qu'on pouvoit lui donner.

Mais il falloit, avant de le publier, le soumettre à l'examen d'une Société en état de le juger et de le corriger, pour éviter la publication de nouvelles erreurs, et pour le rendre, par les corrections, utile à la Classe de la société à laquelle je le destinois.

Rien de plus modeste en apparence que ce langage; mais au fond il est des plus arrogans, puisqu'au lieu de mettre à même le Public de juger jusqu'à quel point l'auteur a profité des corrections qui avoient été indiquées, il les passe sous silence; on peut voir cependant que pour quelques points de la Doctrine de M. Romain, auxquels on a donné des éloges, on a signalé un plus grand nombre d'autres comme des erreurs.

Je pris en conséquence le parti de l'adresser à l'Académie des Sciences; et pour obtenir un jugement qu'on ne pût attribuer à des considérations personnelles, je gardai l'incognito, et je me contentai de désigner l'Auteur par un de mes prénoms (Romain).

Pour que cet incognito produisît son effet, *d'écarter toutes préventions*, il falloit le garder strictement; alors seulement on eût pu juger l'ouvrage seul; mais dès qu'on lui a ajouté un nom, il a acquis une sorte de personnalité; elle a pris plus de consistance par ces apparences de révélations données par les Appendices qui sont parvenus aux Commissaires.

Ce Rapport de la Commission et l'arrêté de l'Académie m'ont donné l'espoir que ce Précis rempliroit le but d'utilité que je m'étois proposé en le rédigeant. Puisse-t-il n'être pas déçu !

Ainsi M. Feburier annonce qu'il a obtenu de l'Académie un Rapport des plus favorables, qui lui donne l'assurance que son Précis sera aussi utile qu'il l'espéroit. Mais ce n'étoit pas lui qui avoit besoin d'être confirmé dans cette opinion, car on sait que malgré toutes les formules de méfiance en ses propres lumières que peut employer un Auteur, il est au fond intimement convaincu de l'excellence de son ouvrage. C'est donc le Public auquel on le destinoit, qui peut être dans le cas d'être éclairé par un témoignage qu'il ne puisse suspecter.

C'est dans ce seul but qu'on vient invoquer la décision d'un Tribunal auquel on se soumet volontairement ; par conséquent, si son jugement n'est pas favorable, on n'a d'autre parti à prendre que de se taire et de se passer de son suffrage pour lancer son ouvrage dans le Public. Mais, dira M. Feburier, je n'ai pas voulu reproduire moi-même ce Rapport, parce que, comme le témoigne la lettre que j'ai adressée à MM. les Commissaires, il contient des erreurs de fait. Je répondrai à cela, que tout autre que lui, qui m'eût fait une pareille réclamation, je me serois empressé d'y répondre et de donner toutes les satisfactions qu'on auroit demandées.

Si je m'y fusse refusé, aurois-je pu me plaindre qu'à la suite

de son Mémoire il eût relevé honnêtement les erreurs que j'aurois pu commettre, puisqu'il auroit pu s'appuyer sur l'exemple
que j'en avois donné dans plus d'une occasion.

A présent on va voir jusqu'à quel point j'étois fondé à témoigner hautement tout le déplaisir que j'ai éprouvé en me trouvant forcé d'avoir quelques relations avec M. Feburier.

EXTRAIT D'UNE RÉPONSE

Faite à un libelle intitulé : *Observation sur la Physiologie végétale et sur le
Système physiologique de* **M. A. Du Petit-Thouars**, *Membre de l'Académie
des Sciences.*

Après six ans de Trève, M. Feburier voudroit me
forcer de rentrer dans l'arène, pour qu'on ne se trompe
pas sur son but ; il s'exprime ainsi : « Monsieur Du
» Petit-Thouars se plaint dans tous ses ouvrages qu'au-
» cun Physiologiste n'ose pénétrer dans la Lice qu'il a
» ouverte ; puisqu'il le désire tant, je vais le satis-
» faire. » Effectivement sa plume, comme la lance
d'Argail, brise tous les Trophées que je croyois avoir
consacrés à la postérité ; aussi triomphe-t-il à la fin de
sa carrière ! Cependant, ennemi généreux, il éprouve
un mouvement de commisération pour son Adversaire, et il l'exprime ainsi : *Je regrette beaucoup de
voir son amour-propre et sa délicatesse* légèrement
compromis dans cette Discussion. Je conçois comment
mon amour-propre auroit pu se trouver compromis,
c'est en voyant démontrer que les vérités nouvelles
sur la végétation, que je me vantois d'avoir manifestées,
n'étoient qu'un tissu de vieilles erreurs ; mais ma Délicatesse ! Quel échec pourroit-elle en recevoir, quand

même on reconnoîtroit, avec M. Feburier, que la Moelle se rétrécit de plus en plus à mesure que l'Arbre vieillit; tandis que je soutiens toujours qu'elle conserve son diamètre primitif? Aucun, me répondra-t-on. Mais si c'étoit par des Voies *détournées* que j'eusse soutenu mon opinion en dénaturant, par exemple, celle de mon adversaire pour la combattre plus facilement, n'aurois-je donc pas usé de mauvaise foi ? si cela étoit prouvé, je serois forcé de convenir que j'aurois manqué à la délicatesse, c'est-à-dire à cette fleur de l'Honneur, qui doit se manifester dans toutes les occasions ; dans les plus futiles comme dans les plus graves. Le moindre souffle suffit pour la flétrir ; ainsi, quoique *légèrement blessée*, c'est toujours à mort. C'est là précisément ce dont m'accuse M. Feburier ; et il finit en disant : que j'ai usé contre lui d'Armes *défendues*. Il prétend donc que devant seulement lutter d'adresse dans un simple tournoi, au lieu de courir contre lui avec une lance *courtoise* ou à fer *émoussé*, j'en ai employé une à fer émoulu pour le blesser traîtreusement. C'est une Calomnie que je dois repousser par un démenti formel.

C'est donc dans un ouvrage intitulé *Observation sur la Physiologie végétale et sur le Système physiologique de M.* Aubert Du Petit-Thouars, que M. Feburier prétend ainsi, qu'il a compromis mon Amour-propre et ma Délicatesse. C'est un Pamphlet de cinq feuilles d'impression, qu'il a fait distribuer, le . . . 1821, à tous les Membres de l'Académie des Sciences, et certainement à un bien plus grand nombre d'autres personnes. C'est donc devant une portion respectable du

Public que je me trouve accusé d'avoir forfait également à la Sience et à la Probité. Je me suis donc empressé d'examiner cet Acte d'accusation, et j'ai reconnu qu'il étoit aussi faux sous un rapport que sous l'autre; je l'ai prouvé dans une Réponse que je me suis hâté de faire; mais je me suis aperçu que pour répliquer à toutes les inculpations et ne rien laisser de douteux, j'étois devenu aussi volumineux que mon Adversaire, et qu'ainsi, pour publier cette Réponse, il m'auroit fallu mettre en jeu une aussi grande quantité de caractères d'Imprimerie que lui. J'ai songé alors que je les emploierois beaucoup mieux, dans l'intérêt de la science, à continuer mon Cours de Physiologie, où mes vrais principes seroient mieux développés que dans un Écrit *polémique*; de plus, je me suis ressouvenu du mot de l'un de nos plus célèbres Magistrats : *C'est de la boue, et cela ne tache pas* (1).

Je vais me borner à exposer quatre principaux chefs d'accusation que j'ai extraits de ce Libelle, et qui peuvent de loin ou de près compromettre ma Délicatesse, pour y répondre sommairement. Ce sont les Armes défendues qu'il prétend que j'ai employées contre lui. Eh bien! je démontrerai plus en détail, pour peu qu'on l'exige, que c'est lui seul qui les a employées contre moi. Aussi n'ai-je pas eu beaucoup de peine à les rétorquer.

1°. Il m'accuse de l'avoir harcelé par mes agres-

---

(1) M. l'avocat-général Seguier, au sujet d'un Pamphlet du comte de Mirabeau, contre le prince de Prusse.

sions. Il est de fait qu'à huit reprises différentes il m'a attaqué directement et nominativement ; en sorte que je me suis toujours borné vis-à-vis de lui à la simple défensive, et cela a toujours été de la manière la plus honnête ; et je cite hardiment en preuve l'Histoire d'un Morceau de Bois, justement l'Ouvrage qui a si vivement excité sa bile.

2°. Et c'est le reproche le plus grave : il m'accuse de ne l'avoir attaqué qu'en dénaturant ses opinions pour les rendre ridicules et plus faciles à combattre ; et après avoir annoncé que c'est un grand nombre de fois que je me suis rendu coupable de cette infidélité, il se borne à citer six exemples. Je répondrai d'abord que j'ai toujours cité le texte de l'Auteur fidèlement, en sorte qu'il n'articule pas le moindre reproche à ce sujet. Quant au sens que je lui ai donné, c'est toujours par la formule *dubitative*, il paroît, que j'exprime ma manière de l'expliquer. En outre, je n'en tire jamais d'induction contre sa Théorie, car je n'en parle jamais ; cela par une bonne raison : c'est que je ne parle jamais que de ce que je comprends. A présent je soutiens que des six exemples, il y en a au moins quatre qui ne peuvent recevoir d'autre interprétation que celle que je leur ai donnée, et en tout un seul peut avoir quelque importance : c'est le sixième ; c'est celui où il est question d'une Expérience proposée par M. Feburier pour constater la diminution de la Moelle. C'est à ce sujet qu'il se récrie le plus fortement contre ma mauvaise foi. Eh bien ! je prouve, par la citation très-exacte de trois textes imprimés, que j'ai rapporté fidèlement cette Expérience telle que l'Auteur la proposoit. Si donc elle est ridicule comme il le dit, ce n'est pas ma faute ; mais il faut remarquer qu'une citation que j'ai faite de l'un de ces textes rapportés précisément à la page 51, renvoyoit à mon propre ouvrage ; mais par une rencontre singulière , il s'est trouvé qu'à la même page 31 de l'un des opuscules de M. Feburier, il étoit question du même sujet exprimé dans des Termes un peu différens ; mais dans le fond c'étoit le même. Je peux prouver encore que si dans une seule occasion ses reproches paroissent fondés, c'est que lui-même a dénaturé mon texte, en supprimant une phrase très-expressive.

3°. Il m'accuse formellement de ce que, tout en me vantant de n'avoir pas publié une page qui ne soit lestée par la manifestation d'une vérité nouvelle, je n'ai composé mes ouvrages qu'en m'emparant des idées des autres ; et effectivement, il cite un certain nombre d'Auteurs dont j'ai emprunté quelques idées ; et je ne peux pas le nier, car c'est dans mon propre ouvrage qu'il en a pris note, puisque, d'après son aveu, ce n'est que là qu'il a eu connoissance de leurs noms. Ainsi , il confond à dessein deux manières d'employer les idées de ses Prédécesseurs ; c'est en leur rapportant tout le mérite de leurs découvertes, tandis que d'autres, cachant soigneusement les sources où ils les ont puisées, s'en attribuent toute la gloire et le profit.

Il est certain que tandis que les premiers font honneur à la Science , les autres, sous le nom de Plagiaires , en sont l'opprobre. C'est donc parmi ces derniers que M. Feburier voudroit me ranger ; cependant, il faut que je l'avoue, il est un Auteur que suivant lui j'ai mis à contribution, quoique je ne l'aie pas nommé, et c'est lui-même ; mais pour fonder cette plaisante accusation, il a encore soustrait frauduleusement l'un de mes axiômes. Mais après avoir fait beaucoup de bruit sur mes prétendus Plagiats, il en fait encore plus, peut-être, pour me reprocher un tort absolument contraire, celui d'appuyer mon opinion sur la non-réduction de la Moelle, du témoignage d'un Auteur, quoique son avis soit l'opposé du mien. C'est celui de sir Thomas Knight. C'est par cette supposition seule, prétend M. Feburier, que j'ai induit en erreur l'Académie et le Public ; ce qui a déterminé le Rapport favorable que j'ai obtenu le 30 juillet 1810. Il est certain que les Commissaires reconnoissent avec moi, d'après l'observation directe de la Nature, que la Moelle une fois formée ne peut plus diminuer en diamètre ; mais ils ajoutent que sir Thomas Knight avoit avancé dans les Transactions, en 1801, que *l'espace qu'occupe la Moelle ne se remplit jamais par le corps ligneux.* Le fait est que je n'avois point cité dans mon Mémoire cet Auteur à ce sujet, quoique je connusse parfaitement ce passage. On pourra voir dans l'Observation qui suit ce Rapport, que ce n'étoit point pour en faire mystère, puisque ce n'est que par moi que les Commissaires en ont eu connoissance, et que là j'avoue de bonne foi que c'est sa lecture seule qui me détermina à adopter cette opinion. Voyons donc ce passage, et si je l'ai interprété convenablement.

In the mature annual Branches and in those of more one year old , the medulla is dry and i Think is evidentles Life-les ; But the space it occupies is never filled with Wood as some Naturalists have imagined.

Voici le seul sens que j'ai pu trouver à cette phrase : « Dans la Branche mûre de l'année et dans » celle âgée de plus d'un an, la Moelle est sèche, et, » à ce que je pense, privée de vie; mais l'espace » qu'elle occupe n'est jamais rempli par le Bois, » comme plusieurs Naturalistes l'ont imaginé. »

Comme je le dis dans l'endroit cité, à cette époque, ayant examiné la première formation de la Moelle et assigné son usage, j'étois tellement imbu de sa réduction, qu'entraîné par l'autorité, je cherchois absolument à découvrir comment pouvoit s'opérer ce rétrécissement, et tout de suite je fus convaincu qu'il ne pouvoit avoir lieu. Frappé de cette idée , je fermai le livre, pour me livrer tout entier aux réflexions qu'elle me suggéra. J'ajoutois ensuite ces mots : Je regrette de n'avoir pas eu le temps depuis de continuer une étude plus réfléchie de ses Mémoires, car l'Auteur est du petit nombre des Observateurs qui ont plus étudié la Nature que les Livres. J'y suis revenu depuis, et j'ai traduit entièrement, pour ma propre satisfaction, ce Mémoire et plusieurs autres; mais je n'y ai pu rien découvrir qui vînt appuyer ou contredire ce Texte; aussi j'ai été très-étonné de voir qu'un célèbre Physiologiste ait attribué à sir Thomas Knight l'honneur de lui avoir dessillé les yeux pour le faire revenir d'une erreur qu'il soutenoit depuis long-temps.

Dans une autre occasion, M. Feburier compte au nombre des contradictions qu'il me reproche, l'abandon que j'ai fait de ma première opinion pour embrasser celle d'un autre. Cela fait donc partie du quatrième et dernier chef d'accusation.

4°. Il prétend que je ne soutiens mes opinions que par des contradictions perpétuelles.

C'est ce que me reproche M. Feburier, depuis le temps que j'ai eu le malheur d'entrer en liaison avec lui; pour le prouver, il prenoit trois phrases isolées de mon ouvrage, il les donnoit comme mon Système, et il faisoit voir qu'elles se contredisoient; ce qui n'étoit pas étonnant, puisque l'une de ces phrases étoit la citation d'une opinion que je combattois. Deux fois je lui ai fait voir l'inconvenance d'un pareil genre d'attaque, et il vient de la répéter une troisième. Pour toute excuse, il dit qu'il n'en a tenu compte, parce que ce n'étoit qu'une plaisanterie de ma part. Les autres exemples de contradiction de ma part qu'il cite sont absolument du même genre. Il est certain qu'aucune n'est venue après coup pour venir répondre à une objection qui m'auroit été faite; et de ce côté, je suis loin de ceux qui, après avoir bataillé long-temps contre une opinion, viennent par une marche détournée s'emparer du Camp de leur Adversaire, pour y venir chanter Victoire. Sur aucun point, je n'ai été obligé de rétrograder; mais entraîné par la suite de mes observations, j'ai toujours marché en avant, tendant toujours vers mon but sans m'inquiéter de la route que tenoient les autres; et je ne les ai jamais attaqués que parce qu'ils se sont trouvés sur mon chemin. Comme dans toutes les autres circonstances de ma vie, la bonne foi et la franchise ont toujours été mes guides. Je me trouve amplement récompensé d'avoir suivi cette marche, par le grand nombre de vérités du premier ordre qu'il m'a été donné de manifester, quoi qu'en disent M. Feburier et autres. Je certifie donc ici que je suis en mesure pour démontrer que sur aucun de ces quatre chefs d'accusation, et tous autres qu'on pourra extraire du Libelle de M. Feburier, ma Délicatesse ne peut être effleurée; qu'au contraire, c'est lui qui dans toutes les occasions donne des preuves de la plus insigne mauvaise foi; car sur tous les points il est comme ce Filou qui crioit au Voleur plus fort que celui qu'il dépouilloit.

Quant à la Science, je n'en traiterai plus avec lui, je le laisserai triompher tout à son aise; fier d'avoir échappé aux coups de la Massue d'Hercule, que je me vantois, suivant lui, d'avoir entre les mains. Je pourrois citer le passage où il en parle, comme une des mille et une preuves de la manière frauduleuse dont il dénature les traits qu'il cite de mes ouvrages; mais je ne sais pas si ceux qu'il prend sous sa protection ont plus à se féliciter d'attirer son attention que ceux qu'il attaque, et si celui dont il proclame le nom à cette occasion ne lui eût pas dit :

> Rien n'est si dangereux qu'un ignorant ami,
> Mieux vaudroit un sage ennemi.

Quant à la Massue d'Hercule, ce héros éprouva dans

une occasion qu'elle n'étoit pas si puissante qu'il le croyoit ; ce fut lorsqu'il reçut l'ordre d'Euristhée de combattre les Pygmées : celui-ci voyant que les entreprises les plus périlleuses dans lesquelles il eut engagé son frère n'avoient servi qu'à augmenter sa Renommée, finit par lui commander celle-ci, parce que du moins, s'il réussissoit encore, il ne lui en reviendroit aucune gloire, vu la foiblessse de ses adversaires. Le héros, forcé par le destin d'obéir, se met en recherche ; il arrive sans s'en douter au milieu du pays qu'habitoit cette race de Nains, parce qu'en guerre continuelle contre les Grues, ils étoient obligés de se cacher pendant le jour. Hercule, fatigué de sa recherche, s'endort sur sa peau de Lion ; au bout de quelque temps, se sentant tiraillé de tous côtés, il se réveille, il ouvre les yeux, et se voit entouré de la Gent Pygmée ; il se lève brusquement, tout fuit ; il veut prendre sa Massue, il ne la trouve plus ; il jette les yeux à quelque distance, il la voit qui a l'air de marcher ; elle étoit portée sur les épaules d'une centaine de Pygmées, comme on voit des Matelots rapporter à leur vaisseau un nouveau mât : Hercule court après, la saisit, frappe de droite et de gauche ; il auroit écrasé dix Titans, et pas un de ses adversaires n'est atteint, tant ils étoient habiles à se mettre à couvert entre les Rochers et les Troncs d'arbres. Forts de cet abri, ils insultoient aux vains efforts du Héros ; celui-ci voyant que sa force devenoit inutile, cherche le moyen d'y suppléer ; il aperçoit sur sa peau de Lion une Aiguille et du Fil, reste de son servage près d'Omphale; il s'avise de réunir les bords de cette peau pour en faire un Sac ; pendant cette occupation, ses adversaires s'enhardissent ; petit-à-petit ils finissent par ne pas lui laisser un moment de tranquillité ; alors le Héros détachant d'un Arbre voisin une longue Branche, qu'il dépouille de ses Feuilles et de ses Rameaux, en forme une Gaule, et moyennant les Horrions qu'il en distribue, il réprime leur insolence, et les maintient à une assez grande distance pour terminer facilement son opération ; alors courant après eux, il les prend un à un et les entasse dans son sac, et il les apporte tout grouillans à Euristhée ; celui-ci les fit précipiter dans le Léthé. Mais il paroît que quelques-uns surnagèrent, car leur engeance s'est propagée jusqu'à nos jours.

.... Hic victor, cœstus artemque repono.

Imprimerie de GUEFFIER, rue Guénégaud, n° 51.

EXTRAIT

DE

*L'Analyse des Travaux de l'Académie Royale des Sciences,
Partie Physique, pendant l'année* 1824 (pag. 23).

Physique Végétale et Botanique.

M. Romain Féburier, de Versailles, connu par plusieurs
recherches de physiologie végétale, a soumis à l'Académie un
petit traité sur cette matière, destiné à éclairer les cultivateurs,
qui a été imprimé (*mais sur lequel a été fait un Rapport qui
auroit dû être consulté*), et où il combine les résultats des
Auteurs qui l'ont précédé avec ses propres expériences.

Il décrit la Moelle comme un amas de Cellules polyèdres, sépa-
rées par des Cloisons toujours communes à deux d'entre elles.
(Voy. *Rapport, pag.* 5.) Dans certaines espèces, leur ensemble,
en se déchirant, produit tantôt des espèces de Cloisons transver-
sales, tantôt un vide continu. Les filets vasculaires qu'on y voit
quelquefois lui paraissent des vaisseaux détachés de l'Étui Médullaire. (Voy. *leur Origine, Rapp.*, pag. 5.) Cet Étui enveloppe la Moelle. Il est composé de plusieurs vaisseaux, tels
que Trachées, fausses Trachées, Tubes poreux et simples, entremêlés d'un peu de tissu cellulaire. Selon l'auteur, c'est la
manière dont le fil élastique des Trachées est roulé, qui, dans
les plantes grimpantes, détermine la direction selon laquelle
elles s'entortillent autour des Appuis. Il regarde l'Étui Médullaire
comme la base de l'organisation de l'Embryon, et croit que c'est
lui qui détermine le Genre et l'Espèce du Végétal (*a*). Chaque
année ses vaisseaux s'alongent, et des faisceaux s'en séparent
pour traverser l'Écorce et produire les Bourgeons, les Feuilles
et les Boutons(*b*). Ces Faisceaux fixent la position des Gemmes et
le nombre des angles saillans qui donnent la forme à la Moelle.

(Voy. *Rapp.*, pag. 8.) Des suites de Cellules alongées s'étendent horizontalement en rayonnant du centre à la circonférence : c'est ce qu'on nomme Rayons médullaires. A mesure qu'il se forme de nouvelles Couches annuelles de bois qui grossissent le Tronc, il se forme de nouveaux rayons, qui se placent entre les autres, sans atteindre jusqu'au centre. (Voy. *Rapp.*, pag. 12.) La dernière des Couches du bois, et la plus extérieure, est l'*Aubier* : il est enveloppé par l'écorce, formée aussi par Couches, mais dont la plus nouvelle et la plus intérieure se nomme *Liber*. C'est à l'écorce qu'appartiennent les vaisseaux *propres* (voy. *Rapp.*, pag. 4), ainsi nommés des sucs particuliers qu'ils contiennent et qui ont été primitivement élaborés par les Feuilles. La partie superficielle du Parenchyme prend à la lumière une couleur verte, qui l'a fait appeler *tissu herbacé*, et il est enveloppé d'un épiderme que M. Féburier ne croit pas simplement formé par la dernière et la plus extrême Couche de ce Parenchyme, comme le pensent la plupart des auteurs de Physiologie végétale. (Voy. *Rapp.*, pag. 14.) Les Racines ressemblent aux Tiges et aux Branches par leur organisation, mais leur position les empêche de devenir vertes ; les dernières ramifications de leurs faisceaux de fibres, au lieu de se réunir pour former des Feuilles, s'isolent et ne donnent que du chevelu. L'auteur n'adopte pas l'opinion presque générale, que les racines n'ont pas de moelle (*c*) ; seulement, dit-il, elle est plus mince. Certaines Espèces produisent, indépendamment des Racines, des Filets garnis ou terminés par des tubercules remplis de substance amylacée ou mucilagineuse. (Voy. *Rapp.*, pag. 16.)

Les Feuilles ne sont que l'épanouissement des Filets médullaires à leur sortie du Pétiole ; ces Filets en composent les Nervures, dont le Réseau est rempli d'un Parenchyme semblable à celui du Tissu herbacé, et revêtu de même d'un Epiderme. C'est de la distribution des Nervures que dépend surtout la figure de la Feuille.

Après deux ou trois mois (*d*) d'existence, on s'aperçoit que

(voy. *Rapp.*, pag. 17) la Feuille a, dans ses principales Nervures, un plus grand nombre de Fibres (*e*) ; et l'on parvient à séparer les Fibres nouvelles des anciennes qui étoient venues de l'Étui médullaire : elles forment une Couche analogue à celle du Bois ; on peut les suivre jusqu'à la Tige, et elles s'y continuent jusqu'aux Racines ; c'est de la réunion de toutes ces nouvelles Fibres que se forme l'Aubier, ou la Couche ligneuse la plus nouvelle, celle qui bientôt se durcira et deviendra une couche de bois.

Le Bourgeon à fleur(*f*) ne diffère pas essentiellement du Bourgeon à feuilles ; car, ainsi qu'on le sait depuis long-temps, et surtout par les expériences de Linnæus, toutes les parties de la fleur ne sont que des Feuilles transformées par un développement précoce ; elles peuvent toutes se changer les unes dans les autres, ou même devenir des Feuilles, et un Bourgeon à bois peut devenir un Bouton à fleur, ou réciproquement. Aussi M. Féburier fait-il remarquer que toutes ces parties, Calice, Corolle, Etamines, Pistils, ont leurs Filets médullaires, leur Couche fibreuse, leur Epiderme ; et par-là il combat cette autre opinion de Linnæus, que le Calice vient de l'Ecorce, la Corolle du Liber, les Etamines du Bois, et le Pistil de la Moelle.

D'après ces considérations, l'auteur regarde l'Étui médullaire (voy. *Rapp.*, pag. 8 et suivantes) comme l'organe principal des végétaux ; et si par la pensée on dépouilloit un grand Arbre de son Écorce et de ses Couches ligneuses, il ne resteroit que l'Étui médullaire augmenté en diamètre, et ramifié au point de représenter le squelette de cet Arbre, jusqu'à ses dernières extrémités, à ses Feuilles et à ses Fruits. (Voy. *Rapp.*, pag. 25 et 26.)

M. Féburier assure avoir fait des expériences d'où il résulte que les Anthères sont électrisées positivement, et que le Pistil l'es négativement, et que c'est la raison pour laquelle le Pollen des Anthères est attiré par le Stigmate.

Notes sur cet Extrait.

(*a*) Je ne trouve aucune trace de cette Proposition dans les deux Opuscules de M. Féburier, sur l'Étui Médullaire.

Au lieu qu'elle est une suite nécessaire de ma manière d'envisager la végétation ; mais elle est positivement imprimée dans mon dixième Essai, lu à l'Institut, le 13 juin 1808, sur la distribution des Nervures dans l'Hipocastane, où je m'exprime en ces termes :

» Ainsi, le Bourgeon est une Association générale, et la Feuille une Association particulière. Les différences qui constituent les Espèces, les Genres et les Classes, ne proviennent que des différentes Combinaisons des aggrégations, de faisceaux secondaires ou tertiaires. »(Voy. p. 174.)

C'est donc du nombre Primordial que dérive la forme, et de celle-ci la distinction des Espèces ou Genres ; ce que j'ai démontré plus amplement dans l'Histoire d'un morceau de bois.

(*b*) La position des Boutons: c'est donc ce que j'ai exprimé ainsi : Point de Feuilles sans Bourgeon. Cela étoit déjà annoncé dès 1805, dans mon article Botanique ; mais je l'ai développé surtout dans mon dernier Essai. Là, j'ai fait voir qu'on ne pouvoit en découvrir de traces, lorsque la Feuille elle-même étoit renfermée dans le Bourgeon ; mais dès que celle-ci commence à se développer, on aperçoit une protubérance verte ; c'est le nouveau Bourgeon : par la Décortication, on aperçoit qu'il repose sur la substance verte et croquante qui est renfermée par les Fibres, qui vont successivement se rendre dans chaque Feuille, c'est-à-dire, l'Étui Médullaire. (Voy. p. 16.)

Je dis ensuite que cette substance verte, ou le Parenchyme, devient blanc et sec, ou Moelle, parce que le nouveau Bourgeon lui enlève l'essence qu'il contient, et qui devient son premier aliment.

Le rapport du Bourgeon avec la Moelle est donc parfaitement établi par moi, au moins depuis le 5 mai 1806, et voilà que M. Féburier, en 1820, dit positivement que c'est ce qu'il a dit en 1813, qui, m'ayant fait faire des réflexions, ma engagé à profiter de ses idées. (Voy. *Obs.*, p.   )

» Jusqu'à ce moment, l'Auteur ayant fait produire les Bourgeons par les Feuilles, il en résultoit évidemment qu'ils ne devoient communiquer avec la Moelle du Scion que par les Filets Médullaires des Feuilles. » C'est que justement M. Féburier n'avoit pas saisi toute mon idée sur la production du Bourgeon, et je n'ai pas encore été à même de la développer convenablement. J'ai comparé, pour me faire mieux comprendre, la reproduction par Bourgeon à celle par Graine ; j'ai appelé l'une Embryon fixe, l'autre Embryon mobile ; mais dans une matière aussi ardue, je me suis servi des expressions que j'ai rencontrées, sans pouvoir encore les préciser.

Le fait est que j'ai commencé à établir que l'Embryon-graine, ou la Plantule, étoit absolument détaché de la Plante-mère, c'est-à-dire qu'il n'y avoit rien d'analogue au cordon ombilical des Animaux. Eh bien ! il en est de même dans l'Embryon fixe ; il ne communique par aucune continuation fibreuse avec les faisceaux qui composent la Feuille, et qui, selon moi, a déterminé sa naissance. Remarquez que ces faisceaux, se séparant, comme en convient M. Féburier, de cet Étui Médullaire, pour former un Pétiole, laissent un espace vide sur l'Étui, c'est-à-dire qu'il ne s'y trouve plus que du Parenchyme : c'est donc par lui seul que ce nouvel Étui adhère avec la Plante-mère.

Il faut remarquer ici que M. Féburier, pag. 14, faisant l'examen des sept Théorèmes qui composent mon tableau, passe tout de suite du premier au troisième en disant : Je passe le second pour arriver à celui-ci, beaucoup plus important ; mais quel est ce troisième ainsi dédaigné ?

» Le Bourgeon se nourrit d'abord des sucs contenus dans les Utricules » du Parenchyme inférieur, c'est ce qui fait passer celui-ci à l'état de » Moelle ; les Fibres qui descendent de la base du Bourgeon sont ses » véritables racines, et n'en diffèrent que par leur position » par cela seul, il est bien évident que je fais reposer ce Bourgeon sur ce Parenchyme. Cette idée se trouve dans le second Essai, et je l'ai développée dans le huitième, qui porte ce titre : *De l'identité des Racines et des Tiges.* »

(c) C'est assez récemment que l'on a publié comme un principe qu'il n'y avait pas de Moelle dans les Racines. Malpighi et Grew avoient soutenu le contraire. Cependant le dernier, Grew, faisoit voir qu'il y avoit des cas où l'on ne pouvoit en découvrir de traces, et la figure très-exacte et amplifiée d'un tronc de Racine de Vigne le démontre. Il faut remarquer que l'origne de toute racine latérale est un Chevelu, par conséquent, un filament mince comme un cheveu ; les autres Fibres qui viennent successivement l'envelopper ne peuvent lui donner ce qu'il n'avoit pas dans le principe, de la Moelle. C'est surtout en France qu'on a soutenu cette opinion ; mais elle a été combattue par quelques

Etrangers, et l'on a été long-temps sans y répondre d'une manière satisfaisante ; mais j'ai résolu pleinement cette difficulté, lorsque j'ai fait voir que la prétendue radicule des Plantes *Dicotyledones* étoit une véritable Tige. (En cela, comme je l'ai dit positivement, j'ai été devancé par Sir Th. Knight), puisque, pour l'ordinaire, elle ne se développoit oune prenoit de l'accroissement longitudinal qu'en montant : d'après cela, il étoit dans l'ordre naturel qu'il s'y trouvât de la Moelle entourée d'un Étui *Médullaire*, composé de Trachées spirales, dans la Carotte et dans toutes les Plantes dont les Cotylédons étoient *épigés* ou portés hors de terre ; mais que dans le cas contraire, où ils étoient *Hippogés*, c'est-à-dire restant à la place où la Graine avoit été déposée, la Tigelle ne pouvant les soulever, étoit forcée de descendre perpendiculairement ; qu'alors il y avoit une Moelle très-apparente, et qui descendoit à une assez grande profondeur, dans le Châtaignier, l'Hippocastane, le Noyer, etc. Je viens de voir que dans la Société Linnéenne du Calvados on soutient encore l'existence de la Moelle dans les Racines ; du moins, dit-on, dans la principale.

(*d*) On va voir ici un exemple remarquable de l'habileté avec laquelle manœuvre M. Féburier, pour s'emparer d'une idée qui lui convient. Il commence par me la reprocher comme une contradiction, en ces termes : « L'Auteur qui, dans ses premiers Essais, n'avoit accordé la faculté de » produire des Fibres qu'aux Bourgeons, veut bien ici répéter une con- » cession déjà faite en faveur des Feuilles. » Essai XI*e*, (p. 210.)

Dans une autre occasion, M. Féburier dit que dans mes derniers Essais, « je reconnois donc qu'il y a des Fibres qui émanent des Bourgeons. » Après avoir parlé des Fibres qui émanent des Bourgeons, et de celles qui viennent des parties de la Fructification, que je regarde comme identique, je m'exprime ainsi :

« Mais il y a, en outre, un Ordre de Fibres dont je n'ai point encore » parlé, parce que je ne faisois qu'entrevoir leur existence ; voici en » quoi elles consistent. » Je fais voir que dans le principe il ne paroît y avoir que des Trachées Spirales dans les Feuilles, mais qu'un mois après elles sont recouvertes par des fibres ligneuses simples ; j'y reconnus le triple Réseau du Squelette de la Feuille annoncé par Frank Nichols. Cette découverte étoit donc entièrement terminée lorsque mon ouvrage fut publié en 1809, et M. Féburier n'avoit rien annoncé de semblable lorsque je lui donnai cet ouvrage. Mais depuis il n'en a fait mention que pour me reprocher cette assertion comme une contradiction aux bases que j'avois posées précédemment. Notez qu'elle est dans le XIe Essai, qui est le résumé des dix précédens ; qu'il ne s'agissoit pas qu'elle fût à la tête ou à la fin, mais qu'elle fût positivement prononcée. Il faut encore remarquer ici que, dans nulle occasion, M. Féburier ne prend en considération le titre d'Essais que j'avois adopté, et qui annonçoit clairement que je ne prétendois pas encore avancer aucune opinion définitivement arrêtée.

C'est donc après ce reproche que, sous le nom de M. Romain, il s'empare de cette idée pour en faire tout le fond de la formation des Couches ligneuses. Cependant, dans une lettre particulière qu'il me fait parvenir, il dit que : « Ce n'est que depuis peu de temps qu'un de ses » amis lui a procuré la lecture de mes Essais, où il a vu que j'attribuois » la formation des Fibres aux Bourgeons, mais que j'ajoutois que les » Feuilles en fournissent aussi. »

Et moi, de me confondre près de lui en complimens sur son procédé, me déclarant prêt à lui céder tout l'honneur de cette découverte, ou du moins de la partager. Mais j'ai gâté tout en disant dans le Rapport, p. 18: « Mais lui-même s'est empressé de reconnoître qu'il avoit été devancé » dans la publication de cette vérité. » Il ne voudroit donc pas même m'appeler à la partager, comme on le voit par ces expressions :

« Veuillez, Messieurs, relire cette lettre du 8 février, et vous n'y » trouverez rien qui ait rapport à cette reconnoissance prétendue de ma » part. » Force bien lui est de le reconnoître, puisque c'est en 1809 que j'ai émis cette proposition, et que ce n'est qu'en 1824 qu'il en parle pour la première fois, car on n'en voit aucune trace dans ses écrits précédens, surtout dans les Notices sur l'Étui MÉDULLAIRE. Mais peut-être aura-t-il ajouté quelques particularités dans ses observations.

Il dit que c'est après deux ou trois mois que l'on peut constater leur existence, et moi je déclare qu'à peine au bout de quinze jours, à compter du développement complet, on peut les distinguer ; mais à quel signe les reconnoître ? Il n'en dit rien ; moi seul je l'indique.

« Elles forment une couche analogue à celle du Bois, dit-il. » Elles en sont donc distinctes.

Cependant, ajoute-t-il, « c'est de la réunion de toutes ces nouvelles » Fibres que se forme l'Aubier, ou la Couche ligneuse la plus nouvelle, » qui deviendra une couche de Bois. »

Je ne me flatte pas d'accorder ces deux phrases ensemble. J'ai donc constaté de la manière la plus intelligible l'existence de ces Fibres. J'ai dit que, se réunissant en différens faisceaux, elles gagnent le Scion par le moyen du Pétiole, et là qu'elles se confondent avec celles qui proviennent directement des Bourgeons, et gagnent conjointement l'extrémité des Racines. D'après cela, il est évident que M. Féburier, na'yant vu d'abord dans cette assertion qu'un motif de me reprocher une prétendue contradiction de ma part, a fini par l'escamoter pour en faire son profit.

(*e*) Le Bourgeon est la production d'une portion de l'Etui médullaire, celle qui se détache actuellement pour composer une Feuille par l'entremise du Pétiole ; il recommence un nouvel Etui médullaire qui n'a aucune liaison avec l'ancien, évidemment dans sa partie ligneuse. Quant à la Parenchymateuse, elle n'est qu'apparente, et peu de temps après la première apparition, il est facile de reconnoître les nouvelles Fibres qu'il détermine, qui s'étendent sans interruption jusqu'à l'extrémité des Racines précédentes. Voilà le fondement de ma doctrine depuis 1805.

J'avois dit dans l'article *Botanique*, qu'il paroît qu'on peut regarder une Fleur comme une concentration d'un ou plusieurs Bourgeons ; ensuite j'ai spécifié en disant : La Fleur ne seroit-elle pas la transformation d'une Feuille et du Bourgeon qui en dépend ? et il faut voir avec quel dédain M. Féburier traite cette proposition présentée avec doute (Obs., p. 29.) « Les Feuilles ne sont donc pas transformées. J'ajouterai » qu'il y a bien rarement des transformations dans les végétaux. »

Il est donc bien évident que j'ai exposé ma manière d'envisager la Fructification long-temps avant que M. Féburier ne fût venu à ma connoissance.

Mais comme de presque toutes les autres idées que j'ai énoncées, je suis très-loin de m'en regarder comme leur premier inventeur. C'est ainsi que j'ai reconnu que les transformations de toutes les parties de la Fleur, les unes dans les autres, avoient été annoncées par Linné, principalement dans ses deux dissertations qui portent le titre de *Prolapsus Plantarum*. Mais j'ai combattu son opinion sur l'origine de ces différentes parties dont il avait emprunté le fond à Césalpin, que le Calice provenoit de l'Ecorce, la Corolle du Bois, etc. Je l'ai combattue déjà dans l'article *Botanique*, surtout par la considération de la formation intérieure des Monocotylédones, et des Palmiers entre autres. Depuis, j'ai fait voir que dans le Calice de certaines Fleurs on trouvoit la prolongation distincte de l'Ecorce et du Bois, notamment dans les Rosacées. L'Étui médullaire ne peut être regardé comme un organe, puisque c'est tout le squelette de la plante, appartenant par conséquent à tout son ensemble.

J'ai démontré de la manière la plus évidente que, quoique dans le Tronc il semble former un Cylindre commun des Racines jusqu'au sommet de l'Arbre, il est composé d'autant de parties qu'il y a de pousses annuelles dans cette étendue : en sorte que si par la pensée on dépouilloit le tronc d'un Arbre, couche par couche, pendant l'été, une partie des Fibres qui composent la plus extérieure iroit se perdre dans les feuilles existantes, et les autres dans les nouveaux Bourgeons; la seconde se termineroit en crochet, une partie dans les Rameaux de l'année précédente, et l'autre dans le Scion de l'année, où il formeroit l'Étui médullaire et les Nervures des Feuilles sans interruption. Il en seroit de même dans les autres couches, et l'on n'y trouveroit aucune véritable Anastomose.

Lorsque j'ai rencontré cette idée gigantesque de l'Étui médullaire dans la Notice même, et que je la croyois d'une personne qui m'étoit inconnue, il m'a semblé que je l'avois déjà vue quelque part, et j'ai songé tout de suite à M. Féburier. J'ai parcouru ses deux Notices sur l'Étui médullaire, où je n'ai rien trouvé de pareil; ce n'est que lorsque le masque est tombé, que je l'ai retrouvée presque mot à mot dans ses observations. (Voy. p. 18.) Je ne sais par quelle espèce de guignon je me suis trouvé fasciné et arrêté dans plusieurs occasions au moment où son nom enfin alloit m'être dévoilé; car il étoit absolument comme l'Autruche qui se croit cachée, quand, la tête derrière un Arbre, elle ne peut plus voir le Chasseur; mais qu'étois-je, moi ? Un homme franc et loyal, qui croit à la franchise et à la loyauté des autres.

Ce qu'il y a de certain, c'est qu'aucune de ces idées spécieuses sur l'Étui médullaire ne sont exprimées dans les mémoires de M. Féburier, notamment dans les deux Notices qui lui sont expressément consacrées. L'affaire capitale de l'Auteur est de prouver contre moi la réduction du diamètre de la Moelle. Il y revient à tout propos; c'est pour cela qu'il m'a le plus harcelé. Au fond, que vouloit-il? ne pas reculer. Si je lui eusse seulement accordé qu'elle diminuoit de l'épaisseur d'un cheveu, il m'auroit pardonné tous les torts qu'il a eus depuis envers moi.

Il est évident qu'au fond il tenoit si peu à cette opinion, qu'il n'en a pas parlé dans sa Notice: mais ce ne pouvait être, comme je l'ai fait soupçonner, de crainte que cela ne trahît son incognito; car il pouvoit la faire reparoître lorsqu'il croyoit être parvenu au but où il tendoit, obtenir une Notice favorable dans l'Analyse des Travaux de l'Académie. (Voy. sa lettre, p. 49.) Mais devoit-elle y paroître? Oui, la Notice pouvoit y paroître, mais sans le nom de M. Féburier; car en faisant disparoître quelques absurdités qui lui appartiennent, le reste est évidemment à moi. Par le changement de quelques phrases, l'addition d'un petit nombre d'autres, il pouvoit en résulter un aperçu complet de ma Théorie végétale.

Pourquoi faut-il que je sois dans le cas de faire cette réclamation ? Parce que l'on n'a pas voulu écouter jusqu'à la fin les observations dont je commençai la lecture le 21 Juin 1824, et surtout les prendre en considération (Rapp., p. 35), et le nom de M. Féburier n'auroit pas paru à côté du mien. Il auroit encore mieux valu que j'eusse reconnu ce nom dès le principe, cela m'auroit épargné dix-huit mois de tracas ; car, comme je l'ai dit (Rapp., p. 39), quelques pages de persifflage m'auroient vengé de ses injures précédentes et garanti pour l'avenir de leur récidive. C'est une Graine de Cuscute, que j'aurois écrasée avant qu'elle n'eût enlacé de ses filamens une Plante plus utile qu'elle.

Il eût été profitable, même pour M. Féburier, qu'il eût été forcé de rentrer dans l'obscurité, car tout n'a pas été favorable pour lui dans son Triomphe, puisque ses succès ne se sont pas étendus jusqu'en Angleterre, comme on va le voir.

Il y a quelque temps qu'étant allé à Versailles, une de mes anciennes connoissances me dit que tout récemment elle avoit eu toutes les peines du monde à me défendre contre le reproche qu'on me faisoit d'avoir, par mes lettres, déterminé une mauvaise réception qu'avoit essuyée M. Féburier à Londres. J'appris donc encore par *hasard* que cet homme débitoit encore sourdement contre moi une nouvelle calomnie. Pour ma défense, je racontai alors brièvement le sujet des relations que nous avions ensemble, et je fis part des Notions que j'avois eues sur les désagrémens qu'il avoit éprouvés en Angleterre ; voici en quoi elles consistoient. Me trouvant à une Séance de la Société Royale d'Agriculture, assis à peu de distance de lui, j'entendis qu'il parloit assez haut à ses voisins d'un voyage qu'il venoit de faire en Angleterre ; mais mon attention, dirigée ailleurs, ne m'en laissa saisir aucune particularité ; je me doutai seulement qu'il y avoit été pour répandre par lui-même sa *Notice d'Anatomie Végétale.* Je n'y pensois plus, lorsque je reçus une lettre de Londres ; elle étoit d'un savant estimable, sir John Lindley, à l'égard duquel je me reprochois tous les jours ma négligence, qui alloit au point que je ne lui avois pas répondu à une première lettre des plus obligeantes qu'il m'avoit écrite un an auparavant. Dans cette nouvelle lettre, il me faisoit le récit des aventures de M. Féburier ; elle étoit datée du 21 décembre ; il m'y racontoit qu'il avoit envoyé effectivement à la Société Horticulturale de Londres sa Notice ; mais que n'en ayant pas entendu parler, il avoit pris le parti de venir lui-même recueillir le tribut d'Eloges qu'il croyoit mériter, et qu'il demandoit, en retour des Trésors qu'il venoit leur prodiguer, ou une Médaille, ou un Exemplaire des Mémoires de la Société, ou enfin le changement du titre de simple Correspondant en celui d'Associé *étranger*. Là, j'ai eu la confirmation de ce que j'avois dit, que le plus mauvais tour que m'ait joué M. Féburier, avoit été de faire imprimer sa Notice, car elle fut jugée indigne d'aucune des récompenses demandées, ne contenant rien qui pût mériter l'attention. Mais un malheur n'arrive jamais sans un autre : M. Féburier voulant visiter le Jardin de la Société, est surpris par un violent orage, en sorte qu'il arrive dans un grand désordre à la maison du secrétaire pour avoir des billets d'entrée. Un domestique le voyant dans cet état, le prend pour un mendiant, le reçoit fort mal. M. Féburier ignorant complètement la langue, ne peut éclaircir cette méprise ; il est renvoyé brusquement, il est obligé de s'en retourner en France, ayant manqué son but sur tous les points : mais, furieux de l'accueil qu'il a reçu, au lieu de s'en prendre aux élémens déchaînés contre lui, dans une Philippique qu'il adresse à la Société *Horticulturale*, il accuse le secrétaire, chez qui il n'a pu pénétrer, d'avoir préparé cette réception, et cela, parce que je lui avois écrit pour le prévenir contre M. Féburier et son ouvrage. Ainsi, ce serait de mon cabinet, faubourg du Roule, à Paris, que jaurais conduit, par ma correspondance, les fils de l'intrigue qui l'ont fait éconduire un peu rudement à Thornam-Green, près de Londres. Il faut convenir que c'est un bel exploit diplomatique pour un coup d'essai.

Le fait est qu'à Londres on n'a pas pris le change sur la production de M. Féburier, on a reconnu tout de suite qu'elle ne contenoit rien de remarquable, et surement que M. Lindley a tout de suite découvert l'identité des principales assertions avec celles que je cherche à établir depuis vingt ans : personne n'étoit plus en état d'en juger, puisqu'il s'est donné la peine de faire un Résumé de ma Doctrine de Physiologie végétale pour la faire connoître dans sa patrie ; et le principal but de la lettre qu'il m'écrivoit étoit pour m'annoncer qu'il avoit commencé à publier cet Extrait dans le *Philosophycal-Magasin* ; mais malheureusement cette publication a amené une discussion entre lui et sir Smith.

C'est un malentendu qui ne peut manquer de s'expliquer ; mais, comme on le verra par l'Extrait de ces deux morceaux que je joins ici, ce n'est point au sujet de mes idées physiologiques qu'ils sont entrés en contestation ; et, par l'un comme par l'autre, on a pu, en Angleterre, apprendre au moins que j'ai une manière nouvelle d'envisager les causes de la végétation. Grâce à eux, donc, on est plus avancé que dans mon propre pays, où si peu de personnes ont daigné s'en occuper. Il faut en excepter la Société d'Histoire Naturelle de Montpellier, qui a témoigné par le rapport qu'elle s'est fait faire, le désir qu'elle a de se mettre au courant de ce que j'ai publié jusqu'à présent, et de voir jusqu'à quel point cela s'accorde avec la riche végétation dont elle est entourée.

Extrait du Philosophical Magazin , août 1824 *, p.* 80.

Lettre adressée à M. Alex. Tilloch , son rédacteur , par sir John Lindley.

Messieurs , je désire attirer l'attention des Naturalistes de ce pays sur une Théorie curieuse de la Physiologie végétale , qui s'est élevée en France depuis quelques années , et dont on ne s'est pas encore occupé ici. Son auteur, M. Du Petit-Thouars, est également remarquable pour l'*originalité* de ses Opinions et pour l'habileté (*dexterity*) et la franchise (*ingenuity*) avec lesquelles il les soutient. Elles sont éparses dans plusieurs ouvrages séparés , et elles ont été publiées pièce à pièce (*piece meal*), et à des intervalles de temps assez longs , en sorte que, même dans la propre contrée où ces ouvrages doivent être le plus répandus, on trouveroit peu de personnes qui connussent à fond cette Théorie , ou qui auroient voulu prendre la peine d'examiner les propositions évidentes (*plain*) qui la supportent, dépouillées des explications *discursives* et profondément métaphysiques dont elles sont accompagnées.

Cette Théorie m'a toujours paru être l'explication la plus remarquable de presque tous les Phénomènes de l'accroissement végétal , et j'ai long-temps espéré qu'on en donneroit quelques notions dans nos ouvrages élémentaires destinés à la Physiologie végétale.

Ce n'est pas ici le lieu de déterminer si les Opinions de M. Du Petit-Thouars sont vraies ou fausses ; elles sont au moins les Opinions d'un homme digne d'une grande réputation comme Botaniste et commePhilosophe, et elles n'ont été contredites par aucun écrivain de mérite (*the have never contradicted by and writer of talent*) ; et, par leur nouveauté et la franchise de leur expression, elles sont certainement dignes d'attention : c'est pour cela que je joins à cette lettre les propositions fondamentales de cette Théorie, extraites du dernier ouvrage publié par l'auteur (*Cours de Physiologie*, 1819), où il les a toutes réunies. Si elles vous paroissent attirer assez puissamment l'intérêt des Botanistes de notre pays pour occuper quelques pages dans votre journal par leur continuation, je me propose de rapporter, sous chacun de ces principaux chefs, les faits et les raisonnemens qui servent de fondement à cette Théorie. (Suivent les VII propositions que je reprends dans l'original, en y ajoutant la citation des passages de mes *Essais*, où j'ai manifesté pour la première fois chaque proposition.)

Tableau général de la Végétation, considérée dans la reproduction par Bourgeon ou Embryon fixe.

THÉORÈME.

I. Le Bourgeon est le premier mobile apparent de la végétation. (*Essais* I et II.)

Il en existe un à l'aisselle de toutes les feuilles.(*Ess.* IX, art. 8 et 10.)

Il est manifeste dans le plus grand nombre des Plantes Dicotylédones et des Graminées. (II, 30 ; IX, 8.)

Il est latent dans les Monocotylédones ; alors il ne consiste que dans un seul point vital. (Ier, 8 ; IX, 8.)

La Feuille est donc pour lui ce que la Fleur est pour le Fruit et la Graine. (II, 28.)

II. Il se nourrit d'abord aux dépens des sucs contenus dans les Utricules du Parenchyme intérieur ; c'est là ce qui fait passer celui-ci à l'état de Moelle. (II, 9, 23, 24 et 26.)

Cette partie est donc analogue au Cotylédon de l'Embryon séminal.

III. Dès qu'il se manifeste, il obéit à deux mouvemens généraux,

L'un, montant, ou aérien ; (Ier, 8, 9 ; II, 29 ; IX, 17.)

L'autre , descendant , ou terrestre. (Ier, 9 ; II , 29 ; IX , 16.)

Du premier il résulte les embryons des Feuilles ,

L'analogue de la Plumule. (II , 25.)

Du second , la formation de nouvelles Fibres ligneuses et corticales ,

La Radicule. (II , 2 ; IX , 16 et 17.)

IV. Chacune de ces Fibres se forme aux dépens du *Cambium*, ou de la Sève produite par les anciennes Fibres , et déposée entre le Bois et l'Écorce. (Ier, 7; II , 16 et 17.)

De plus , elles apportent vers le bas la matière nécessaire à leur élongation radicale. C'est la Sève descendante. (VIII , 14 et 16 ; IX , 16)

V. L'évolution de ce Bourgeon consiste dans l'Élongation aérienne ou foliacée de ces Fibres. (VIII , 10 ; IX , 17.)

Chacune d'elles , sollicitée par cette extrémité foliacée , apporte la matière de son propre accroissement. C'est la Sève montante. (VII , 4.)

VI. Deux substances générales résultent de cette Sève : le Ligneux et le Parenchymateux. (VII , 19 , 22 ; V ; IX , 18 et 19)

(Grew avoit déjà reconnu ces deux substances.)

Le Ligneux se dispose en fibres, qui ne reçoivent plus de changemens.

Le Parenchymateux paroît formé , dans le principe , de grains détachés qui se gonflent et forment des Utricules ; par là il peut se prêter aux accroissemens en tous sens ; lui seul est susceptible de prendre la Couleur *verte*. (V , 15 ; IX , 18 et 19.)

VII. La Sève est la substance alimentaire des Plantes.

Elle est puisée par les Racines , sous forme humide ; elle vient s'aérer dans les Feuilles.

Elle paroît d'abord indifférente ; mais elle reçoit une appropriation particulière , suivant les espèces et les parties.

Elle ne parvient qu'aux points où elle est demandée , en sorte qu'il n'y a pas de circulation générale.

Contenant principalement les deux substances générales dont nous venons de parler , le Ligneux et le Parenchymateux ; dès que l'une d'elles est employée par la Végétation , il faut que la seconde se manifeste et se dispose dans le voisinage ; en sorte que c'est une espèce de départ. (II , 22 ; VI et suiv.; IX , 18 et 16.)

Second Extrait du Philosophical Magazin.

Lettre de sir James-Edward Smith, au sujet de celle de M. Lindley.

Messieurs, mon ami, M. John Lindley, a donné, dans votre numéro pour le mois d'août dernier, un détail clair et précis sur la Théorie de la Végétation, proposée par l'ingénieux M. Aubert Du Petit-Thouars, et c'est par lui que j'en ai eu la première connoissance, et cela avec un plaisir particulier, car il est très-satisfaisant de voir les Observations et les Spéculations de différens Physiologistes se continuer l'une par l'autre sans qu'il y ait eu aucune communication entre eux. Je me félicite, en voyant que la Théorie du Philosophe français en question, dont le caractère éminent est bien connu, se rapporte dans tous les points essentiels à celle que j'ai publiée dans mon Introduction à la Botanique, et dont la première édition a paru en 1807 (1).

Je suis loin de réclamer, par les Observations précédentes, aucune priorité de Découverte sur M. Du Petit-Thouars ; M. Lindley ne fixe point les dates de ses ouvrages, et je ne les ai jamais vus. Je me trouve suffisamment honoré par la conformité (*coïncidence*) de nos opinions. Ses idées sur les Bourgeons sont neuves pour moi et m'éclaircissent sur le reste de sa Théorie. Je serai cependant en garde pour admettre toutes ses analogies, quoique ingénieuses : l'analogie est un guide trompeur en Philosophie, la Métaphysique est déplacée dans les Sciences naturelles ; il est beaucoup plus aisé de spéculer ingénieusement que d'observer soigneusement et de raisonner sagement.

Norwich, 30 septembre 1824.

---

(1) J'ai passé deux alinéas dans lesquels M. Smith reproche à son *jeune ami* de n'avoir pas établi le rapprochement de nos deux Opinions pour en voir la raison.

Je ne peux que me féliciter des sentimens bienveillans que témoigne pour moi sir Ed. Smith. C'est avec la plus grande réserve qu'il cherche à établir le Rapport de nos idées physiologiques ; et s'il croit à leur identité, il s'en félicite sans chercher à pointiller sur une vaine priorité. Ces dispositions amicales me font regretter plus que jamais de n'avoir pas exécuté le projet que j'avais formé depuis long-temps, de lui faire parvenir tout ce que j'ai publié jusqu'à présent sur la Botanique. Lorsque je l'aurai exécuté il sera plus à même de juger jusqu'à quel point nous nous rapprochons dans nos idées physiologiques , plus que par un simple Tableau qui n'est que le Résumé d'une doctrine exposée dans quarante Mémoires , dont la moitié à peine est publiée ; mais le fond , qui date de 1805 , a été publié dans le *Journal de Physique* en 1806.

J'espère que là aussi sir Smith verra que j'ai puisé directement les bases de mon système dans l'observation des Phénomènes de la Végétation. De mon côté , ne connoissant qu'un très-petit nombre de Points isolés de la Doctrine Physiologique de l'auteur, et cela par les citations qu'en a faites le Révérend Sir Keith , dans son *System of Physiological Botany. Lond.* 1816 , je ne peux saisir les rapports qu'elle peut avoir avec la mienne.

J'ai annoncé, pag. 20, que je terminerois ce recueil par les Analyses des Travaux que j'ai communiqués à l'Académie des Sciences depuis mon admission ; mais je les réserve pour un autre ouvrage.

FIN.

Fautes essentielles à corriger.

Eclaircissement, pag. XVI , ligne 7. Voy. pag. IX , lisez : pag. XI.

Rapport, pag. 1re , vers la fin , (voy. la note E.)

Les lettres capitales sont l'indication des paragraphes de la Note de M. Féburier.

Pag. 10 , B , ce devoit être A , renvoyant à la pag. 41 , Chap. I.

Pag. 14 , B , pag. 43 , Chap. II.

Pag. 16 , C , pag. 44 , Chap. III.

Pag. 18 , D , pag. 45 , Chap. IV.

Pag. 27 , E , pag. 49 , Chap. V.

Pag. 12 , ligne 2 , comme les Couches, lisez : comme les Touches.

Idem , ligne 15 , Varenne de Feuille, lisez : Varenne de Fenille.

Pag. 10 , ligne dernière , Branches alternativement, lisez : Tranches.

Pag. 42 , ligne 1re , j'ai pu me, lisez je n'ai pu me.

GUEFFIER, Imprimeur , rue Guénégaud , n. 31.